中公新書 2547

佐藤 靖著

科学技術の現代史

システム、リスク、イノベーション

中央公論新社刊

まえがき

第2次世界大戦以降、科学技術のパワーとリスクは著しく増大した。原始的だった計算機はパーソナル・コンピュータ（PC）に、そしていまや世界中の人々がもつスマートフォンへと進化した。生命と細胞のメカニズムが解明され、遺伝子を自在に操作して新しい生命体を創り出すことすら可能になった。原子力・宇宙開発も軍事と非軍事の両面で進められ、世界の政治・外交を左右してきた。

これまで、科学技術の前線を切り拓く主要な原動力となってきたのは国家であった。国家が大学や研究所に膨大な予算を配分し、科学者・技術者らによる研究開発を支えてきた。

民間企業も巨額の研究開発費を投じてきたが、その大部分は製品やサービスを市場に供給するためのものである。例外はあるが、大多数の企業は利益につながるかどうかがわからない基盤的な科学技術に重点的に投資することはできない。それは国家の役割であって、とりわけ米国連邦政府は圧倒的に豊富な資金を米国内の卓越した人材・組織に供給して現代の科学技術を牽引してきた。

他方で、科学技術の存在が社会のなかで大きなものになればなるほど、国家による科学技術のコントロールも必要になってくる。原子力、新規化学物質、遺伝子操作など、さまざまな科学技術の安全性や倫理性を担保するためのルールや制度・組織が各国で整備されてきた。特定の科学技術とは関係づけられない、気候変動のような地球規模の課題に対応するために科学技術の舵取りを担ってきたのも国家とその連合体である国際機関である。さらに、国家は特許制度などを運用することによっても科学技術に関与してきた。

このように国家は資金と制度の両面から科学技術の進展を支えてきたが、国家と科学技術の関係は不変ではない。それは、これまで米国で共和党と民主党の政権交代のたびに科学技術政策が変転し、科学技術の針路が左右されてきたことをみても明白である。ただ、より長いスパンで国家と科学技術の関係を眺め、そこに構造的な変動をみてとることはできないだろうか。

たとえば、世界のなかでの米国の相対的地位の低下や、一九九〇年代以降のグローバル化・ボーダーレス化の加速は、科学技術にどのような影響を与えてきたのだろうか。あるいは、米国連邦政府における軍事部門の比重の縮小や財政再建の圧力は、科学技術の性格や形態にどういう変化をもたらしたのか。

本書は、現代科学技術、すなわち第2次世界大戦から現在までの科学技術が、米国連邦政府との関わり合いのなかでどのように進化してきたかを追う。米国内外の政治・経済・社会の変動を反映して米国連邦政府の課題が移り変わるなか、現代科学技術も構造的な変化を遂げてきたことを明らかにする。

現代科学技術の進展をたどる際、なぜ米国に焦点を当てるのか。他国の科学者・技術者も重要な貢献を成してきた。特定の分野で米国を上回る水準に達した国もある。旧ソ連による一九五七年の人工衛星スプートニク1号打上げ、日本による一九六四年の東海道新幹線開通、英仏による一九七六年の超音速旅客機コンコルド就航などが挙げられるだろう。また、二〇一〇年代には中国が幅広く科学技術で台頭している。だが、本書でみていくように、科学技術の現代史の流れはこれまでほぼ米国が中心となって作ってきたといってよい。

第2次世界大戦以降の政治的変動の歴史全体をみると、まず一九八〇年代までの冷戦期と九〇年代以降のポスト冷戦期とに大きく分けることができる。さらに一九七〇年前後の東西の緊張緩和（デタント）や、今世紀に入ってからのグローバル化の加速、世界の多極化などの潮流の変化がある。

本書では、この期間の個々の科学技術の歴史を網羅的に紹介することは企図しない。代表的な科学技術を押さえつつ、特に以下に述べる三つの観点から歴史的な構造変化を捉えていく。これらはそれぞれシステム、リスク、イノベーションというキーワードに対応する。

第一は、科学技術の形態と、それを開発し運用する組織体制との連関である。冷戦期の科学技術の主流を成していた原子力、宇宙開発、コンピュータといった分野の機密性の高い巨大技術システムは、当時の閉鎖的で肥大化した軍産複合体により創出された。だが、そのような全体的構図は時代とともに変わっていく。科学技術の形態と組織体制は、各時代の政治状況を反映しながら連動して変容を遂げていくのである。このような変化については主に第1章と第4章で扱う。

第二は、科学技術を支える社会的信頼のメカニズムの変化である。

一九六〇年代末以降、科学者・技術者の権威は次第に絶対的なものでなくなり、原子力、農薬、医薬品などの科学技術のリスクは定量的なデータに基づいて管理されるようになった。それは、学術的な知見や専門的な判断よりもむしろデータに基づく統計的・確率論的な知見が影響力を拡大してきたということである。つまり、科学技術の権威への信頼は、定量化・データ化された情報への信頼によって置き換えられてきた。このような流れは、主に第2章と第5章で扱う。

第三は、科学技術に対する期待の変化と、それにともなう科学研究の変容である。米国では一九七〇年代以降、自国の産業競争力低下を背景に、経済的・社会的な価値を生み出すイノベーションの源泉としての役割が科学技術に期待されるようになってきた。そうした圧力の下、次第に大学にも資金重視の風潮や生産性重視の論理が浸透し、科学研究の経済事業化ともいうべき現象が広がっていく。この点については主に第3章と第6章で扱う。

以上の三つの観点はいずれも現代科学技術の全体的構造に関わるが、これらがともに論じられることはあまりなかった。本書ではこれらの観点を組み合わせ、総合的に現代科学技術の性格に迫っていきたい。

現代科学技術は二〇一〇年代も急速な進化を遂げてきた。ますます拡大するグローバルなネットワークのなかでイノベーションが展開している。科学技術が経済や社会とより深く、複雑に絡み合うなかで、世界は今後一体どうなっていくのか。現代科学技術の行方を予測することは本書のねらいを外れるが、そのための一つの視点を提示できればと思う。

目次

科学技術の現代史——システム、リスク、イノベーション

序　章

現代科学技術と国家

アナロジーとしての「第4次産業革命」

現代の科学技術は、広範な分野で目覚ましい進展を遂げ、人類の知識と可能性を拡大してきた。太陽系をみれば、全惑星を含む主要な天体の姿がすでに無人探査機によって明らかになっている。地球上の多種多様な物質の特性もほぼ把握され、いまや個々の原子や分子の配置を自在に設計して新素材が創り出されている。情報通信技術やバイオテクノロジーの相次ぐ革新もわれわれの労働、対人コミュニケーション、医療、食などをわずか一世代の間に一変させてきた。

二〇一〇年代には、科学技術は新たな段階に突入した感がある。あらゆる生物の遺伝子を自在かつ簡便に改変できるゲノム編集や、人工知能（AI）に膨大なデータを学習させ高度な判断ができるようにする深層学習（ディープラーニング）など、人間の存在や社会秩序を揺るがしかねない科学技術が爆発的に広がった。これらのブレークスルーと関連分野のさまざまな技術的進展とが一体となって、未来を見通すことは容易でなくなっている。

このような科学技術の現在を歴史的観点から捉える枠組みとして、第4次産業革命という概念がもち出されることもある。

これは、一八世紀末から蒸気機関の開発・応用などが進んだ第1次産業革命、二〇世紀初頭にかけて電力を用いた大量生産などが確立した第2次産業革命、二〇世紀後半にコンピュータが普及して自動化が進んだ第3次産業革命に続いて、AIなどの活用により製品やサービスの提供が飛躍的に効率化・最適化される新たな産業革命が現在起きているという見方である。第4次産業革命の概念は、二〇一六年の世界経済フォーラム年次総会（ダボス会議）で取り上げられてから一気に世界に広がった。

実際には、第4次産業革命という概念はやや大雑把な歴史的アナロジーに基づく。その概念をきちんと用いようとするなら、以前の他の産業革命と実際にどこまで類似しているのか、などの論点を掘り下げて考える必要があるだろう。

ただいずれにしても、現在の科学技術の性格や構造を捉えようとする際には、これまでの歴史的経緯を押さえる必要がある。なぜなら、現在の科学技術は長年にわたる各国の政府や企業などからの資金投入によって築かれ、その影響下で形成されてきたものだからである。科学技術は各時代の政治・経済・社会的文脈を反映しながらこれまで進化を遂げてきた。その到達点として現在の科学技術がある。

科学技術とは

本書は、第2次世界大戦以降の科学技術の歴史を概観し、現在の科学技術の全体像を解釈する視点を示す。巻末の年表からもわかるように、この期間には実に多くの科学技術に関わる出来事があり、そのなかでいくつかの転換点があった。

本書の歴史的検討の範囲は基本的に第2次世界大戦以降の時代にしぼる。その理由を説明する前に、まず「科学技術」とは何かを定義したい。

「科学技術」という言葉は多義的である。それは、この言葉のなかの「科学」と「技術」との関係が曖昧だからである。世界に起こる現象に関する体系的な理解である科学と、何らかの目的を達するための手段を指す技術とは、本来概念的に異なる。

ただ、科学と技術の関係は時代を下るにつれて緊密になってきた。科学的知識に基づいて高度な技術が生み出され、他方で高度な技術を活用した実験や観測によって新しい科学的知識が生み出されるようになったからである。このため現在では科学技術という言葉は日常的に用いられ、その意味は幅をもちながらもおおむね共有されている。本書ではそのような通念的な理解に従って科学技術という言葉を用いる。

ところで、科学技術という言葉は一九四〇年前後の日本で技術立国と総動員体制が掲げられるなか、官僚によって生み出されたものである。一九五六年には科学技術庁（現文部科学省）が創設され、日本社会に定着していく。現在、科学技術というとき、国家との特別なつながりを思い浮かべることはないが、その出自は国家と直接的な関わりをもっていたのである。

日本だけでなく欧米でも、第2次世界大戦前後に科学技術と国家との関係は根本的に変化した。ただ、英語では「科学技術」のような便利な言葉は生まれず、科学と技術が分離されたニュアンスが残る science and technology という言葉が用いられている。

いずれにせよ、第2次世界大戦を機に科学技術は国家の重大な関心事項となった。そして国家は科学技術に本格的に投資し、その行方を左右するようになる。これが、本書が第2次世界大戦以降に焦点を当てて現代科学技術の歴史的構造を明らかにしようとする理由である。

国家による資金支援

第2次世界大戦中、米国をはじめ各国は軍事的な優位を目的として科学技術への集中的投資を行った。その結果、原子爆弾、弾道ミサイル、コンピュータ、抗生物質などが短期間に開発され、その後の人類に絶大な影響を与える。

戦争が終われば科学技術への国家的要請は一気にしぼむことも予想された。ところが現実には米国を中心に国家による科学技術への投資は継続し、さらに発展する。その最大の原因は、第2次世界大戦の終結後すぐに東西冷戦が始まったことであった。

米国は資本主義陣営の盟主として、ソ連を中心とする社会主義陣営に対抗するため、軍事力と国家威信に直結する科学技術に資源を注いだ。主な分野は、原子力、宇宙、そしてコンピュータの三つである。これらの分野を中心に、冷戦期の政治的文脈のなかで興隆した科学技術を一括して「冷戦型科学技術」と呼ぶことにしよう。

冷戦型科学技術は、一九八九年まで続く冷戦期において、圧倒的な軍事的重要性を帯びていた。ただ、それは一方で非軍事目的にも応用可能なものだった。一九五〇年代には原子力、宇宙、コンピュータの各分野で民生利用が拡大していく。その後も軍事部門の科学技術が民生部門を牽引し、米国の産業基盤の構築に寄与した面は大きい。

一方で、冷戦期の米国では、国家的要請に明らかに対応した科学技術だけでなく、基礎研究を含む幅広い分野にも手厚い資金支援が行われた。その体制作りの基礎となる考え方を示したのが、マサチューセッツ工科大学（MIT）出身の電気工学者で、第2次世界大戦前後に科学行政官としても活躍したバニバー・ブッシュである。

ブッシュは一九四五年七月、大統領への報告書「科学――果てしなきフロンティア」のなかで、将来的に幅広い応用につながる基礎研究の重要性を力説する。それがきっかけとなって一九五〇年には基礎研究の支援を行う国立科学財団（NSF）が設立され、国立衛生研究所（NIH）などとともに戦後米国の科学技術を資金面で支えていく。米国の科学技術への資金支援体制の骨格は、比較的早い時期に固まったのである。

政治状況を映す科学技術予算

米国の研究開発予算の推移を具体的にみていこう。次頁の0―1が示すように、米国連邦政府の研究開発予算はこれまで大きく拡大し、二〇〇三年以降は一〇〇〇億ドルを超えている。ただ、図からは予算の飛躍期と停滞期が繰り返されたこともわかる。

飛躍期としては、次の時期が挙げられる。

（1）一九五七年にソ連が米国に先んじて世界初の人工衛星スプートニク1号の打上げに成功し、米国でいわゆる「スプートニク・ショック」が広がって予算が大幅に拡充された一九五〇年代末から六〇年代前半

0-1　米国連邦政府の研究開発予算の推移

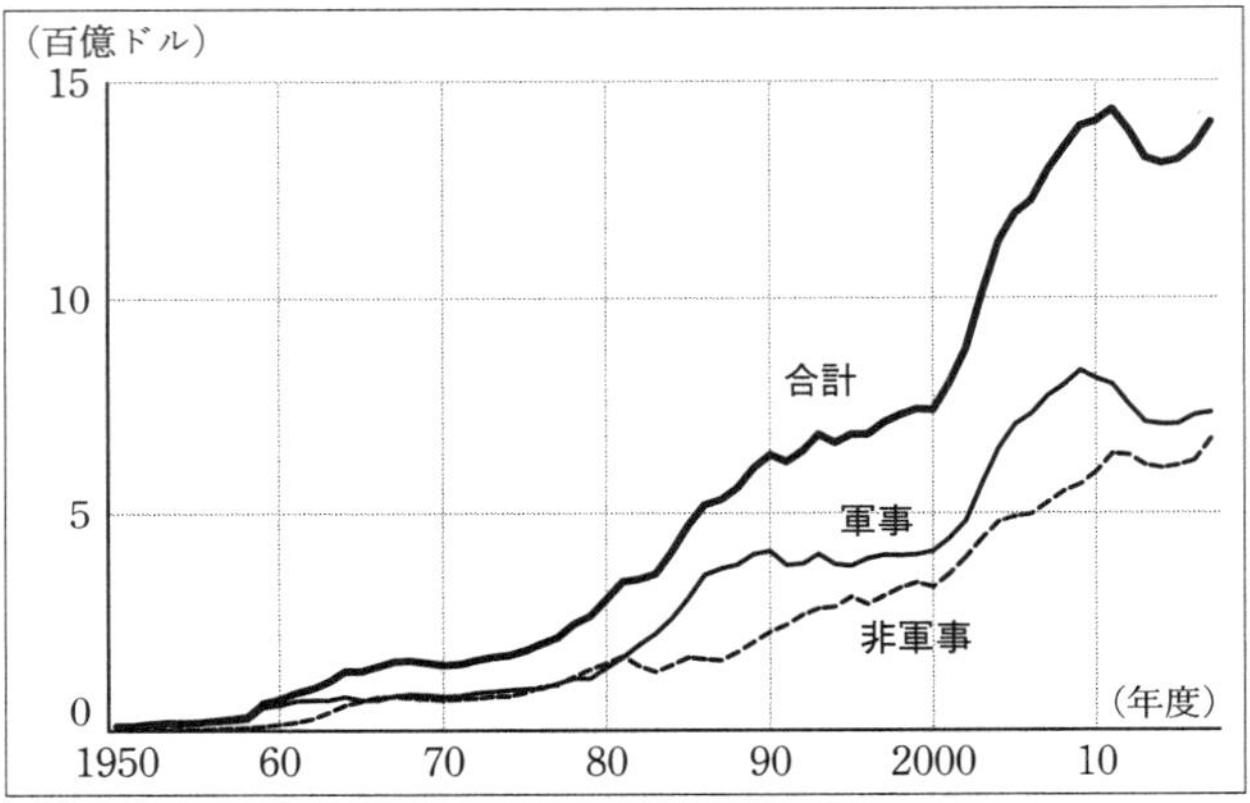

軍事・非軍事の区別は米国大統領府行政管理予算局に従った。たとえば宇宙開発の予算は、軍事・非軍事を明確に分けることができない場合も多いが、ここでは国防総省の予算であれば軍事、航空宇宙局（NASA）の予算であれば非軍事に分類している

（2）共和党のロナルド・レーガン大統領が戦略防衛構想（SDI）など軍事技術開発に膨大な予算を投入した一九八〇年代

（3）二〇〇一年の同時多発テロを受け、共和党のジョージ・W・ブッシュ大統領がテロとの戦争を打ち出し、軍事予算を大幅に拡大した二〇〇〇年代

一方、停滞期としては、主に次の時期が挙げられる。

（1）ソ連に対抗して進めたアポロ計画のピークアウト、ベトナム戦争の長期化と反戦運動の高まり、米国内の貧困問題などへの対応、冷

0-2　第2次世界大戦以降の米国の歴代政権

1933年3月～1945年4月	フランクリン・ルーズベルト	民主党
1945年4月～1953年1月	ハリー・S・トルーマン	民主党
1953年1月～1961年1月	ドワイト・アイゼンハワー	共和党
1961年1月～1963年11月	ジョン・F・ケネディ	民主党
1963年11月～1969年1月	リンドン・ジョンソン	民主党
1969年1月～1974年8月	リチャード・ニクソン	共和党
1974年8月～1977年1月	ジェラルド・フォード	共和党
1977年1月～1981年1月	ジミー・カーター	民主党
1981年1月～1989年1月	ロナルド・レーガン	共和党
1989年1月～1993年1月	ジョージ・ブッシュ	共和党
1993年1月～2001年1月	ビル・クリントン	民主党
2001年1月～2009年1月	ジョージ・W・ブッシュ	共和党
2009年1月～2017年1月	バラク・オバマ	民主党
2017年1月～	ドナルド・トランプ	共和党

戦の緊張緩和（デタント）などが重なった一九六〇年代後半から一九七〇年代前半

（2）冷戦終結後、民主党のビル・クリントン大統領が軍事部門の縮小と財政再建を進めた一九九〇年代

（3）二〇〇八年の世界金融危機（リーマン・ショック）後に就任した民主党のバラク・オバマ大統領が軍事費を大幅削減した二〇一〇年代

こうしてみると、米国の研究開発予算はこれまで、政権交代による政策方針の変化や各時代の政治情勢の影響を受けつつ伸びてきたことがわかる。

0-3　米国連邦政府内の研究開発予算のシェア推移

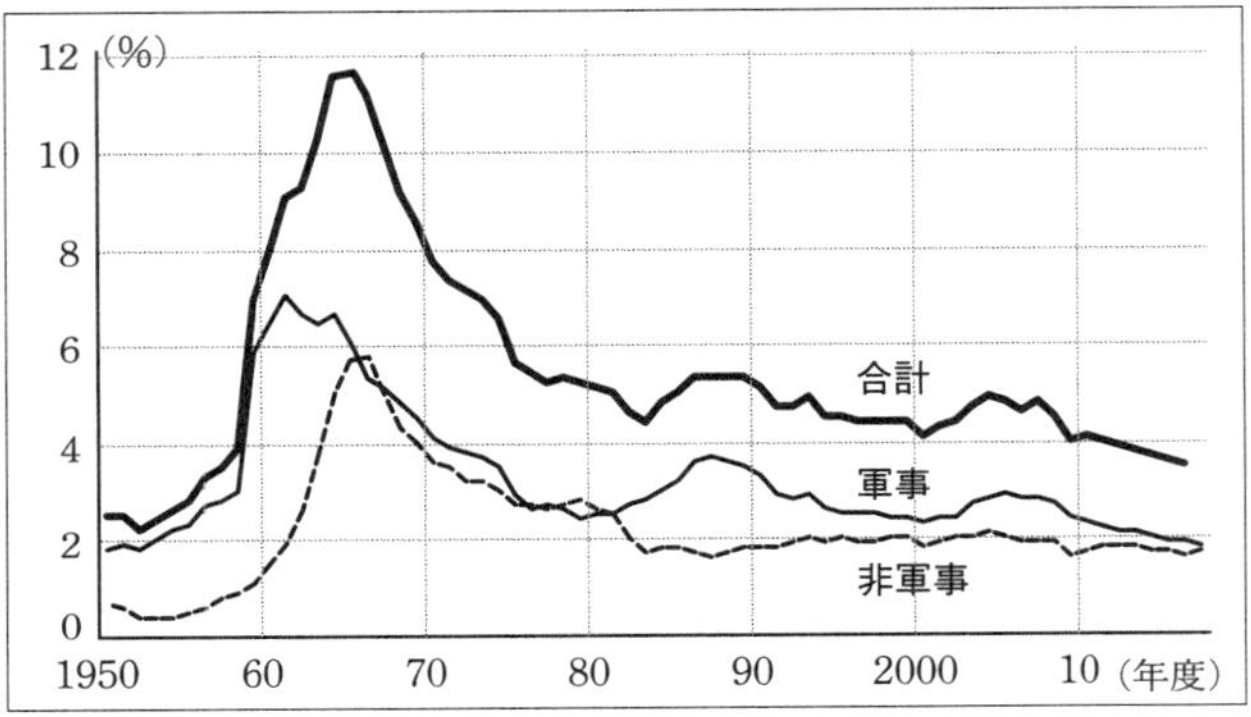

ただ、米国の経済成長やインフレを考慮すると、連邦政府による科学技術への支援は必ずしも増加基調であったとはいえない。0―3をみると、連邦政府予算全体に占める総研究開発予算のシェアは、スプートニク・ショック後の大陸間弾道ミサイル（ＩＣＢＭ）開発競争や宇宙開発競争がピークを越えた一九六〇年代後半から急速に低下し、その後もどちらかといえば低下傾向にある。

米国政治全体でみると、経済上・産業上の課題が次第に比重を増し、巨大な予算を消費する核兵器開発や宇宙開発などの国家的重要性は比重を下げてきたのである。

国家のニーズの長期的変化

次に、米国の非軍事部門の研究開発予算の内訳

0-4　米国連邦政府の非軍事研究開発予算の内訳推移

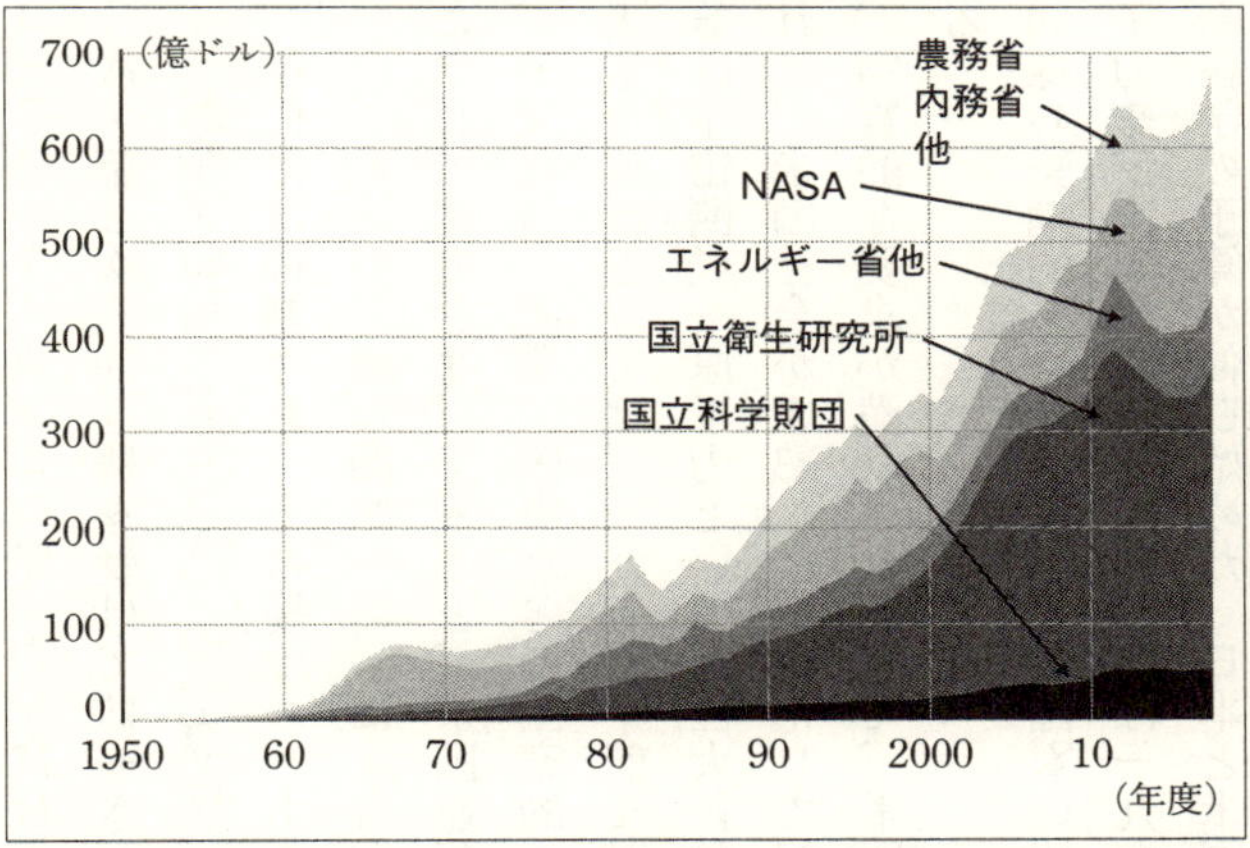

2010年度以降の増減は、世界金融危機後の特別財政出動の影響を反映したもの

を０―４に示す。軍事部門に比べれば安定的に推移してきた非軍事部門の予算だが、その内訳は大きく変化している。各時代の社会的要請の変化が研究開発予算の配分に反映されてきたことがわかる。

０―４から読み取れる顕著な点を挙げれば、以下の通りである。

（１）基礎研究を担う国立科学財団の予算はおおむね着実に増えてきた。

（２）医学・生命科学研究を担う国立衛生研究所の予算は大きく拡大し、特に二〇〇〇年前後には議会の主導で膨張、圧倒的な予算を抱えるようになったが、その後はやや停滞傾向にある。

（3）エネルギー省などの原子力を含むエネルギー研究開発予算は一九七〇年代の第1次・第2次石油危機を受けて拡充されたが、その後は比較的停滞している。
（4）航空宇宙局（NASA）の予算は一九六〇年代のアポロ計画期に膨張したが七〇年代には抑制され、その後はスペースシャトル計画や国際宇宙ステーション計画といった大型計画の開始・終了にともなって大きく変動してきた。

こうして歴史を通してみると、米国連邦政府の科学技術への投資はこれまで、安全保障、国家威信、産業、医療などの国家的ニーズに対応して変動してきたことがわかる。大きな流れとしては、一九七〇年前後から冷戦の緊張が和らぐなか、米国の科学技術予算は宇宙開発や原子力といった巨大科学技術から保健医療などに重心を移してきた。これは、米国社会が成熟し、安定化して起こったことでもある。国外からの脅威が弱まり、物質的な要求が満たされてきて、米国民の関心が健康や安全・安心に向かったのである。

同様の長期的トレンドは、どの国もいずれかの時代に経験する。たとえば、日本では原子力や宇宙開発の研究開発予算は一九九〇年代に増加から減少傾向に転じ、代わりに生命科学の予算が伸び始めた。日本と米国の間に大きな時間差があったのは、東西冷戦への関わり方や社会の成熟度に差があったからだといえるだろう。日本政府の予算配分が米国に比べてはるかに硬直的だという事情もある。

また、米国では、科学技術のニーズの源泉が軍事・外交から経済・産業へと移行してくるにつれ、科学技術の推進力としての国家の役割が縮小し、民間企業の役割が拡大してきた。とはいえ、科学技術の方向性に対する国家の影響力は依然大きい。

本書の構成

以上、予算のデータを通じて現代科学技術と国家との関係をみてきたが、両者の関係は実際にはより多面的である。次章以降では、第2次世界大戦以降、政治的な環境変化に連動してみられた科学技術の変化を6つの局面に分け、第1章から第6章で詳述していく（0—5を参照）。

第1章では、原子爆弾をはじめとする第2次世界大戦中の軍事技術を起点として、冷戦期に軍事・非軍事の両面で原子力、宇宙、コンピュータの各分野の巨大技術システムの開発が進んだ過程をみていく。米国はソ連と世界の覇権をかけて対峙するなか、軍産複合体を形成して必要な科学技術の構築に全力を傾けた。

第2章では、一九六〇年代末以降のデタントの流れのなか、米国内で環境問題や貧困問題などの国内的な課題に社会の関心が集まるようになった時期に焦点を当てる。この時期には科学技術の権威が絶対的なものではなくなり始め、巨大科学技術に代わる新しい科学技術が伸び始めた。また、社会との関わりで科学技術が捉えられるようになり、科学技術のリスクも深く認識され始めた。

第3章は、一九七〇年代後半以降、米国が産業競争力の低下に危機感を強めた時期を扱う。米国は日本などとの厳しい競争を乗り越えるため、特許など知的財産を重視し、企業と大学の連携を促すための方策を講じた。この時期、米国は産業競争力に関わる政治的課題を解決していくため、科学技術の経済的ポテンシャルに着目したのである。

第4章からはポスト冷戦期に移る。すでに一九八六年のチェルノブイリ原発事故や同年のスペースシャトル・チャレンジャー号事故によって冷戦型の巨大科学技術には綻びが現れていたが、冷戦終結後は巨大科学技術の勢いがさらに衰え、代わって情報通信技術に支えられたネットワーク型の科学技術が台頭する。

第5章では、冷戦終結後のクリントン政権期、財政再建が重要な課題となった政治状況に着目する。連邦政府の運営に費用対効果が重視されるなか、実証的なデータに基づ

0-5　第２次世界大戦以降の政治的環境と科学技術の複合的変化

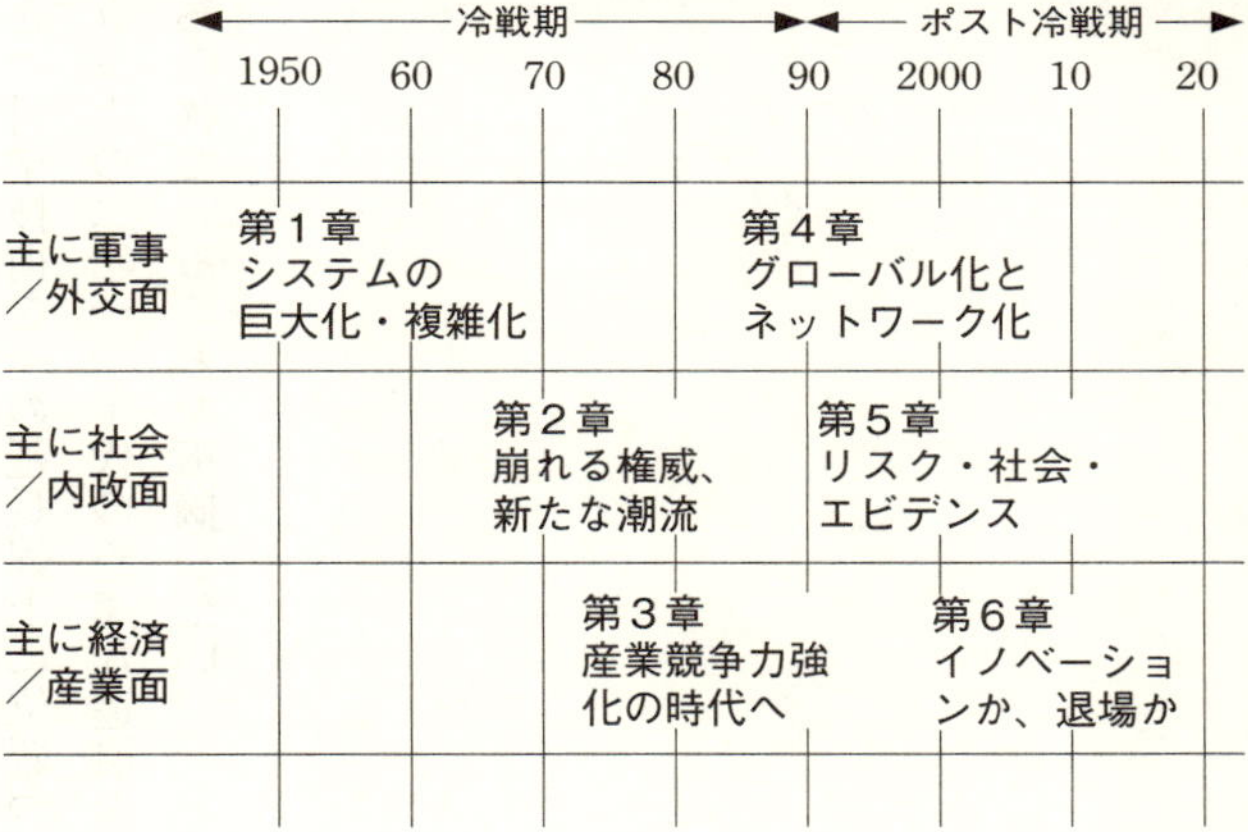

いて科学技術のリスクに対応していこうとする流れが強まった。一方で、リスクへの対応に際して社会的文脈の考慮も重視されるなど、科学技術が社会に調和的に組み込まれる仕組みができてきた。

第6章では、二〇〇〇年代半ば以降、米国をはじめとする先進国が新興国との競争にさらされ、社会変革と価値の創出、すなわちイノベーションが何よりも追求されるようになったことを示す。この時期には、大学で行われる学術研究にも商業的論理とグローバル競争の波が押し寄せ、科学技術の価値観そのものも根本的に変化してきた。

こうして第6章までで得られた科学技術の現代史の見通しを基に、終章ではあらためて現在の科学技術をその延長線上に位置づけることを試みる。情報通信技術とバイオテクノロジーの二〇一〇年代の急速な進展を追いつつ、科学技術と国家との新しい関係性が求められていることを指摘したい。

第1章

システムの巨大化・複雑化

——東西冷戦と軍産複合体

第2次世界大戦前の米国——国家と科学技術の協同

第2次世界大戦前の米国では、連邦政府の科学技術予算の規模はまだ小さく、その多くは航空や農業など限られた分野に向けられていた。米国の大学が当時研究費を頼っていたのは民間企業と、ロックフェラー財団やカーネギー財団などの民間財団である。ただ、一九二九年の世界大恐慌後は民間からの資金は細り、各大学は研究費の確保に苦労していた。

一九三九年に第2次世界大戦が始まると、大学の研究開発の資金源は一気に連邦政府へとシフトする。一九四〇年には軍事研究の推進を担う国防研究委員会（NDRC）が設立され、軍事研究に予算が投入され始めた。国防研究委員会の設立をフランクリン・ルーズベルト大統領に働きかけ、その委員長に就任したのは序章で紹介したマサチューセッツ工科大学（MIT）出身の電気工学者バニバー・ブッシュである。ブッシュは優れた研究者であると同時に政治的才覚にも恵まれ、戦時中から戦後にかけて米国の科学技術政策のキーパーソンとなる。

一九四一年には国防研究委員会を吸収して科学研究開発局（OSRD）が設立され、ブッシュがその局長に就いた。科学研究開発局は陸海軍を含む政府機関の軍事研究を調整、支援する強い権限をもち、国内の大学や研究所で行われる軍事研究を動員する役割を担った。豊富な資金に支えられてMITをはじめとする大学や企業と数千もの契約を結び、レーダーや原子爆弾、抗生物質などの研究を進めていく。

第2次世界大戦中の米国では、こうして国家と科学技術との間に強い関係が築かれたが、終戦後はそのような関係は終わるとも予想された。だがブッシュは連邦政府が引き続き軍事研究、さらには基礎研究をも強力に支援すべきと考えた。一九四四年一一月、ブッシュはルーズベルト大統領に終戦後の連邦政府による科学研究への支援のあり方などに関する報告書の作成を命じてもらう。その命を受け、ブッシュがエリート科学者や企業の役員から成る委員会を立ち上げて作成したのが報告書「科学——果てしなきフロンティア」であった。

一九四五年七月、終戦直前に公表されたこの報告書でブッシュは連邦政府による科学への投資を訴え、特に基礎研究の役割を強調した。基礎研究は安全保障、経済、医療、福祉に資する応用研究を幅広く促進し、実用化につながると考えたからである。

ブッシュの主張は、基礎研究から実用化へと向かう直線的なプロセスを前提としていたため「リニア・モデル」と呼ばれ、現在ではしばしば批判される。そのような単純なモデルは現実にはしばしば当てはまらないことがわかってきたからである。しかし当時「科学――果てしなきフロンティア」はメディアなどから高い評価を受け、政策関係者にも受け入れられて、目的を十分に果たした。

この報告書をきっかけに科学研究の支援を行う恒久的な連邦政府機関の新設に関して議会で議論が始まり、組織設計をめぐってやや膠着したものの一九五〇年、国立科学財団（NSF）が設立される。「科学――果てしなきフロンティア」は、米国連邦政府の科学技術への関与の方針を基礎づける思想を提示したという点でも大きな歴史的意味をもつものだった。

ただし当面の間、米国の科学技術政策の議論は原子力や宇宙開発を中心に行われていく。代表的な冷戦型科学技術である原子力、宇宙、コンピュータの各分野の巨大技術システム、またその創出を担った軍産複合体はどのように構成されていったのだろうか。

原爆開発――マンハッタン計画

報告書「科学――果てしなきフロンティア」の公表三日前の一九四五年七月一六日、世界初の核実験が米国ニューメキシコ州のアラモゴード爆撃試験場で行われている。原子爆弾の完成とその広島と長崎への投下は、世界の軍事・外交を根底から変えた。
第2次世界大戦中にはドイツや日本も原爆開発を試み、断念していた。一方、米国は英国とカナダの協力を得つつ国内の大学、研究所、企業の科学者・技術者を組織的に動員し、当時の通貨で約二〇億ドルという莫大な国家予算を投入して四年足らずで原爆を完成させる。

原爆の理論的可能性はすでに一九三九年には知られていた。この年、米国ではドイツの原爆研究を懸念した物理学者レオ・シラードが、アルバート・アインシュタインの署名を得てルーズベルト大統領に手紙を送り、原爆開発の態勢を整えるよう訴えている。米国はすぐには原爆開発に乗り出さなかったが、理論研究でやや先んじていた英国からの情報提供も受けて一九四一年一〇月九日、原爆開発計画の本格的開始を決定する。

ルーズベルトは原爆開発の重要な政策決定をするため、少人数の最高政策グループを設置した。そのメンバーは、大統領、副大統領、陸軍長官、陸軍参謀総長、科学研究開発局長バニバー・ブッシュ、そしてブッシュ同様有力な科学行政官で当時ハーバード大学学長だった化学者ジェームズ・コナントである。こうして政治的・軍事的・科学的な観点が密接に統合された意思決定が可能な体制が作られた。

1-1　第２次世界大戦当時のエリート科学者たち（1940年３月）
カリフォルニア大学バークレー校での会合。左より、のちに原爆開発に関与するアーネスト・ローレンス、アーサー・コンプトン、バニバー・ブッシュ、ジェームズ・コナント、MIT学長カール・コンプトン、レーダー開発に貢献したアルフレッド・ルーミス

この最高政策グループの合意のもと、当初はブッシュが局長を務める科学研究開発局の管理下で原爆計画が進められた。原爆開発にあたってはいくつか選択肢があった。原料にウランを用いるか、プルトニウムを用いるか。ウランを用いるとすれば、天然ウランの組成を変えて濃縮ウランを精製する必要があるが、そのためにどのような方法を採用するか。

ブッシュはこれらの選択肢を同時並行で追求するため、ノーベル賞受賞者であるシカゴ大学のアーサー・コンプトン、カリフォルニ

1-2　マンハッタン計画開始前の原爆開発の体制概略（1942年6月）

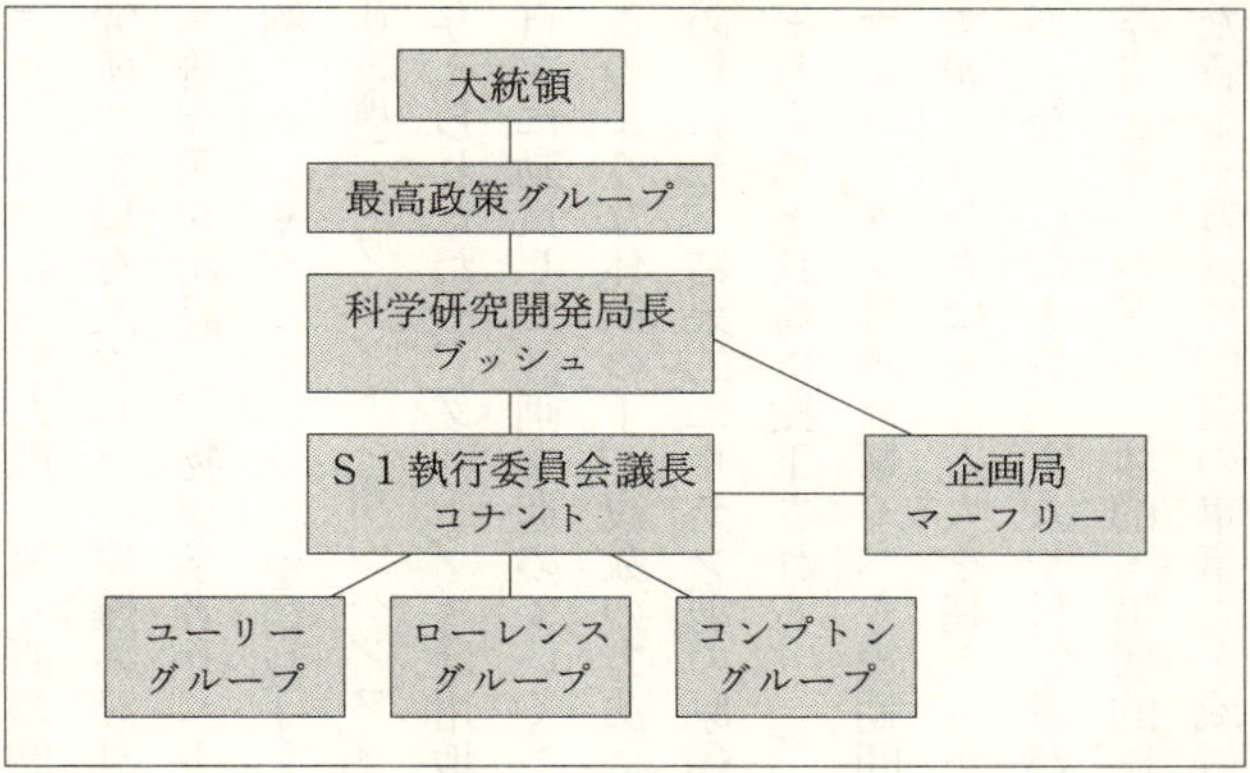

陸軍による管理が強まる前、原爆開発では科学者が重要な役割を果たし、研究開発を組織した。天然ウランの組成を変えて濃縮ウランを精製するために当時有力と考えられた方法には、ガス拡散法、電磁分離法、遠心分離法があったが、ブッシュはそれぞれをハロルド・ユーリー、アーネスト・ローレンス、エガー・マーフリーのグループに担当させた。また、原爆設計やプルトニウム生産に関する研究はアーサー・コンプトンのグループが担った。
「S1執行委員会」は科学研究開発局内で原爆開発を担当

ア大学のアーネスト・ローレンス、コロンビア大学のハロルド・ユーリーらにそれぞれ役割を割り当て、彼らに研究者を組織させて研究を進めていった（1―2を参照）。

　一九四二年後半からは陸軍による管理が強まり、原爆の研究開発・製造のための強固な体制が確立していく。九月には原爆開発の責任者として陸軍のレズリー・グローブスが任じられ、この計画は「マンハッタン計画」と呼ばれるようになった。

グローブスは可能な限り速く原爆開発を成し遂げることを自身の任務と考え、次々と研究所や工場を設立した。原爆の設計・製作を進めるためニューメキシコ州にロスアラモス研究所を新設し、物理学者ロバート・オッペンハイマーを所長に任命する。また、濃縮ウランやプルトニウムを精製するためテネシー州のクリントン工場（現オークリッジ研究所）やワシントン州のハンフォード工場を建設した。原爆開発には最高の優先度が与えられたため、グローブスは用地、資材、原料などを速やかに調達し、国内の企業を自在に動員して計画を進めていくことができた。

このような体制の下、複数の方法によるウラン濃縮と、プルトニウムの精製が同時に進められた。結果的にウラン型の原爆とプルトニウム型の原爆がほぼ同時に完成し、それぞれ広島と長崎に投下される。

マンハッタン計画は驚くべき短期間で、最後まで秘密裡に完遂された。この計画の関連で雇われた者は一〇万人を超えるが、厳重な秘密管理が行われ、計画全体を知る立場にあったのは数十名の軍人や科学者だけであったといわれる。原爆開発では、エリート科学者と軍、企業が一体的・階層的に組織され、その統制された組織体制のなかで、膨大な資金を背景に国家の軍事力と威信を支える巨大システムが構築された。その点で、原爆開発は冷戦型科学技術の原型を提示したものだったともいえよう。

原子力開発――軍事と民生

第2次世界大戦が終わると、軍がマンハッタン計画で掌握していた原子力開発を平時にどのような体制で進めていくかが課題となった。陸軍やブッシュ、コナントらは、軍の厳重な統制を残した体制を構想したが、これには科学者の反発もあり、結局文民統制を明確化した米国原子力法が一九四六年成立する。この法律に基づいて発足した原子力委員会（AEC）が米国の原子力政策全体を司ることになった。

戦後しばらくは、米国の原子力開発はもっぱら軍事目的で進められた。一九五二年には原子爆弾をはるかにしのぐ破壊力をもつ水素爆弾の開発に成功する。海外でもソ連が一九四九年に原爆を、五三年に水爆を完成し、英国、フランス、中国も続く。冷戦の緊張が続くなか、ソ連に対する戦略的優位性を維持することは米国にとって最大の優先事項であり、軍事目的の原子力開発には国家資源が惜しみなく投入された。

一方、原子力の民生利用に道を開いたのは一九五三年一二月、国連総会でドワイト・アイゼンハワー大統領が「平和のための原子力（Atoms for Peace）」を提唱した演説である。米国は一九五一年に実験的な原子力発電に成功していたが、その推進に本腰を入れることとなった。アイゼンハワーは原子力発電に取り組みたいと考える他国に協力する用意があることも表明し、これをきっかけに日本でも急遽原子力関連の予算が手当てされ研究開発が始まる。

アイゼンハワーはこのとき、原子力の平和利用の推進と規制を担う新しい国際機関の創設も提唱した。それは一九五七年、国際原子力機関（IAEA）の成立に結実する。IAEAは各国への技術援助、原子力安全対策、軍事転用の防止、原子力の理解増進などを任務とした。

こうして米国内及び国際社会で原子力の推進と管理の体制が整えられる過程で、ブッシュやコナント、コンプトン、ローレンス、オッペンハイマーなどの科学者は深く意思決定に関与していた。第2次世界大戦後の世界秩序の骨格を成す原子力をめぐる政策決定において、科学者は軍とともに政治的発言権と権威をもっていたのである。

そのために科学者が政治闘争に巻き込まれることもあった。一九五〇年代前半、米国ではジョセフ・マッカーシー上院議員らが共産主義者を排除・抑圧する運動を繰り広げたが、オッペンハイマーはその標的の一人となる。彼の親族が米国共産党員であったこと、彼自身が水爆の開発に反対していたことを理由に、議会や原子力委員会で尋問を受け、一九五四年に事実上公職から追放されている。

米国で一九五〇年代から六〇年代にかけて進んだ民生目的の原子力開発は、国家の庇護が大きかった。一九五七年には民間事業者が事故を起こした場合の損害賠償責任を限定する法律が定められている。民間事業者はさらに、国立研究所による試行錯誤を重ねた研究成果の恩恵も受けた。原子力の将来的な重要性は産業界でも認識されていたが、その国家主導の性格は当初から強かったのである。

ミサイル開発とスプートニク1号

冷戦期に、原子力と並んで国家主導で発展したのが宇宙開発である。宇宙開発も当初はミサイルや偵察衛星など主に軍事目的で進められ、一九五〇年代後半からは有人宇宙飛行や実用衛星など非軍事目的にも展開した。

第2次世界大戦末期の時点で、米国は宇宙開発の分野で先頭を走っていたわけではない。カリフォルニア工科大学ジェット推進研究所（JPL）などでミサイル研究が始められてはいたが、ドイツはすでにロンドンに届く弾道ミサイルを量産していた。そのドイツのミサイル開発を担っていたヴェルナー・フォン・ブラウンを中心とする技術者らの一群が終戦後に渡米したことで、米国のロケット開発能力は大きく伸びていく。

戦後は、陸海空軍のそれぞれがミサイル開発を進めた。なかでも空軍は、一九五三年にソ連が水爆実験に成功した後、民間企業を総動員して長距離弾道ミサイルの開発を加速する。一九五七年にはソ連が世界初の大陸間弾道ミサイル（ICBM）「R―7」の開発に成功するが、米国も空軍が五八年にICBM「アトラス」を、海軍が六〇年に潜水艦発射弾道ミサイル（SLBM）「ポラリス」を完成させる。当時の米国にとってソ連とのミサイル開発競争は最優先課題の一つであった。

一方で軍は、小型のロケットを活用して気象観測や科学観測も行っていた。これは、軍事上のニーズがあったからだが、地球科学や宇宙科学の研究者も強い関心を示した。そのため、一九五七年七月から五八年一二月までを国際地球観測年（IGY）に設定して国際協力により研究を行うこととなり、米ソ両国は小型の観測ロケットだけでなく人工衛星を打ち上げて科学観測を行う計画も進めることになった。

その結果一九五七年一〇月四日、ソ連が世界初の人工衛星「スプートニク1号」の打上げに成功する。これは米国内で、安全保障や国家威信に直結する重要な技術分野でソ連に後れをとったものと受け止められ、動揺が広がった。米国が初の人工衛星「エクスプローラー1号」の打上げに成功するのは約四ヵ月後、一九五八年一月三一日である。

当時の米国のアイゼンハワー政権は、ソ連との中長期的な宇宙開発競争をにらんで、新しい連邦政府機関が必要と考えた。そして一九五八年一〇月一日、非軍事部門の宇宙開発を総合的に進める組織として航空宇宙局（NASA）が発足する。

NASAとアポロ計画

NASAは発足後、陸海空軍などから組織や人員の移管を受け、宇宙開発を進める体制を素早く整えた。「スプートニク・ショック」を機に連邦政府全体で科学技術関連の予算が伸びたが、NASAには特に豊富な資金が投入される。

NASAは早速、通信衛星や気象衛星の打上げ、月や惑星の無人探査計画、そして有人宇宙飛行計画などにとりかかった。ところが一九六一年四月一二日、ソ連のユリ・ガガーリンが米国に先がけて世界初の有人宇宙飛行に成功する。米国のアラン・シェパードもその三週間後に有人宇宙飛行に成功するが、当時のジョン・F・ケネディ大統領は米国の威信回復のための方策を政権内で急遽検討した。そして五月二五日、ケネディは

1-3　議会でアポロ計画を発表する
ケネディ大統領

一九六〇年代末までに有人月面着陸を実現することを目標としたアポロ計画を発表する。

　アポロ計画は、まさに冷戦型科学技術の華だった。それは、はっきりとした実用目的をもたない、雄大な技術的デモンストレーションだったといえよう。アポロ計画には最終的に約二〇〇億ドルもの資金が投じられたが、その原動力は東西冷戦下での米ソの対抗関係だった。

　当時多くの国々が、米国の資本主義とソ連の共産主義のどちらに世界の未来があるのかを見きわめようとしていた。軍事、経済面での競争も重要ではあったが、科学技術、とりわけ人類のフロンティアを開拓する象徴的な意味をもつ宇宙開発も世界のリーダーを決める戦場だと考えられていた。また、非軍事の宇宙開発は軍事能力と不可分でもある。ケネディがかつて述べた「ソ連が宇宙を制するなら、地球をも制するだろう」とい

1-4　アームストロング船長が撮影した月面上のオルドリン飛行士

う言葉が、この頃米国が宇宙開発をどのように捉えていたかを端的に表している。

ＮＡＳＡはアポロ計画という国家事業に総力を挙げて取り組んだ。約四〇〇万点の部品で構成される精巧な宇宙船の開発、それを地上から打ち上げる全長一一〇メートル、総重量二七〇〇トンの「サターンＶ型」ロケットの開発、そして計画全体の管理、すべてが空前の技術的挑戦だった。しかし豊富な財政資源と技術者らの昼夜を問わぬ努力、層の厚い国内の航空宇宙産業に支えられ、ＮＡＳＡは技術的な壁を乗り越えていく。

一九六九年七月二〇日、ニール・アームストロングとバズ・オルドリンがアポロ11号によって月面着陸を果たし、六三年に暗殺で命を落としていたケネディ大統領の公約は達成された。アポロ計画の成功は、宇宙開発競争での決定的勝利を米国にもたらし、人類全体に科学技術の驚くべき力をあらためて印象づけた。

コンピュータの登場

第2次世界大戦期から一九六〇年代まで、原子力や宇宙開発とよく似た軌跡をたどったのがコンピュータ開発である。これらの三つの分野ではいずれも、戦時中に軍事目的での研究開発が突貫的に進められて初期の技術が確立し、一九五〇年代には非軍事目的の開発利用も拡大、六〇年代にシステムの規模が著しく拡大している。

原子爆弾や人工衛星とは違って、世界初のコンピュータが完成した時点を特定するのは難しい。第2次世界大戦中から米国、英国、ドイツではさまざまな電気機械式の計算機や、限定的な用途の電子式計算機が開発されていた。しばしば軍、企業、大学の協同で開発が進められ、計算機の性能は大きく向上していった。

そうしたなかで、一つの画期的な出来事は一九四六年に初めて実用的な汎用電子式コ

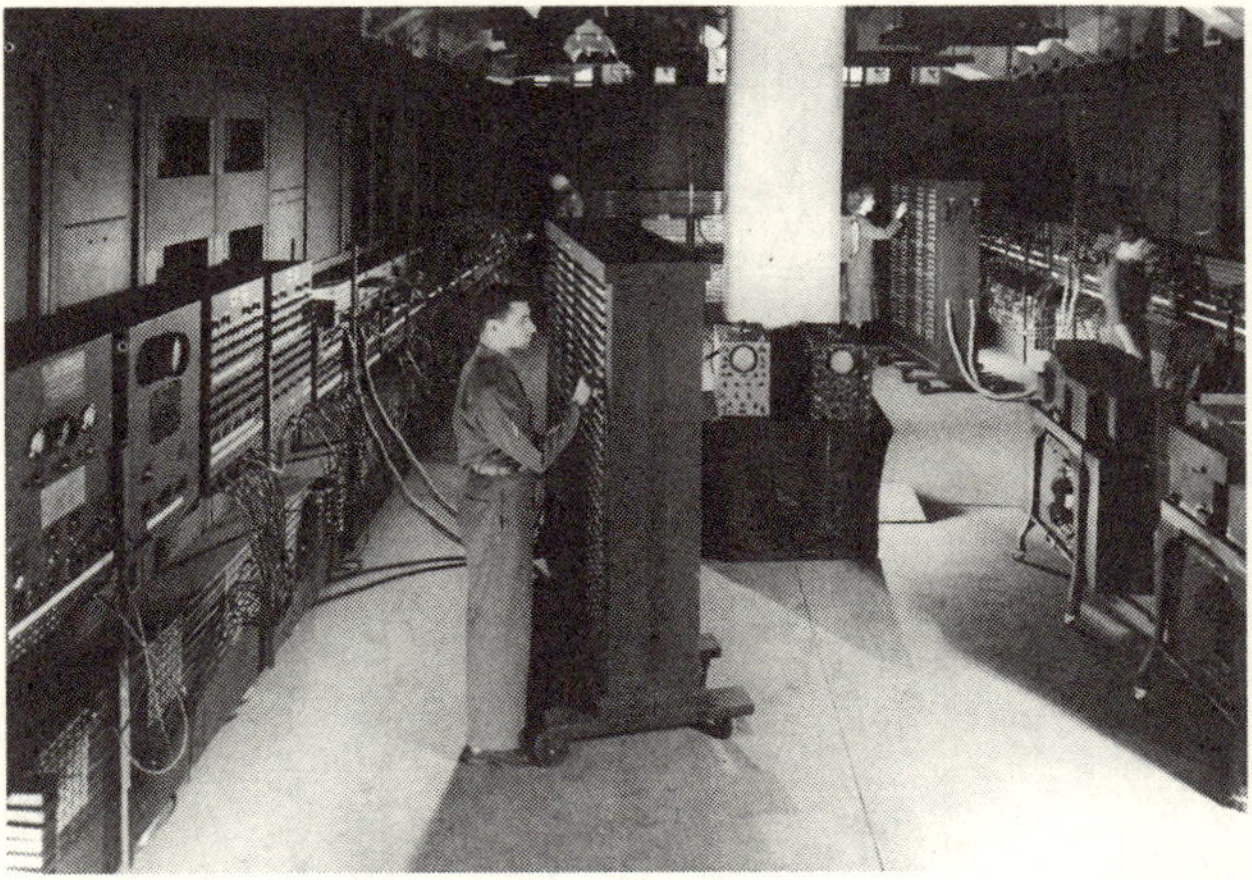
1-5　ENIAC

ンピュータであるＥＮＩＡＣ（Electronic Numerical Integrator and Computer）が完成したことだろう。これは陸軍からの委託を受け、ペンシルベニア大学で一九四三年から開発が進んでいたものである。

ＥＮＩＡＣは、一万七〇〇〇個あまりの真空管を用いた巨大なコンピュータで、設置には大きな部屋が必要だった。また、演算を行う際のプログラムをメモリに格納できなかったため、ケーブルの配線によりプログラムを設定する必要があった。非常に取り扱いが面倒で、かさばるシステムだったのである。その後プログラム内蔵型のコンピュータが開発され、真空管の代わりに一九四八年に米国のベル研究所で発明されたトランジスタが用いられるようになって、コンピュータは実用性を高めていく。

戦後しばらくの間は、コンピュータはもっぱら軍事目的に使われていた。ENIACは大砲の弾道計算を目的に開発されたものであったし、後続のコンピュータも核兵器の設計や暗号解読などが主な目的であった。

他方で、軍事科学計算だけでなく事務用にも使えるコンピュータの開発も動き出していた。ENIACの開発者だったジョン・モークリーとジョン・エッカートは、起業して一九四六年に国勢調査局からデータ処理用のコンピュータを受注している。一九五一年にはUNIVAC（UNIVersal Automatic Computer）Iというコンピュータが完成し、連邦政府や軍だけでなく保険会社をはじめとする民間企業に納入が始まる。

UNIVACの成功と前後して、コンピュータ産業には次々と企業が参入した。なかでもIBM社はその資本、技術的蓄積、営業面の強みを活かして躍進し、一九六〇年代には業界の覇者となる。

軍とコンピュータ産業

軍も多額の投資をしてコンピュータ技術の最先端を切り拓いていった。なかでも特に大きなインパクトを残したのは、SAGE（Semi-Automatic Ground Environment）という対空防護システムの開発プロジェクトである。

空軍は一九五三年、海軍とMITが進めていたコンピュータ開発の成果を活かして、多様なレーダー設備から送られてくるデータからリアルタイムで敵の戦略爆撃機の位置や軌道などを算出・表示するシステムの開発を決めた。このシステムの開発には最終的に約八〇億ドルが投じられ、一九六三年に完成・配備完了となる（ただし、このときには米国の最大の軍事的脅威は戦略爆撃機でなくICBMになっており、ICBMに対しては無力なSAGEの軍事的意味は限られた）。

SAGEの開発の過程では、リアルタイム処理、オンライン・システム、グラフィカル・ディスプレイといった画期的な新技術が実証され、その後の米国のコンピュータ産業の発展の基盤となった。また、プロジェクトを実施するなかで多数の技術者が訓練された。特に、契約企業としてシステムの中核部分を担当したIBMには高度な人材と技術が蓄積して、同社をさらに飛躍させていく。たとえば、IBMはSAGEの技術を活用して、アメリカン航空から受注した世界初の航空券予約システムを一九六〇年に開発している。

原子力や宇宙開発と比べると、コンピュータ分野では民間の需要が着実に伸びていった。そのため、ＩＢＭを中心に産業規模も急成長し、技術革新も続いた。

ここで興味深いのは、一九六〇年代まではシステムの大型化が志向されたことである。当時、コンピュータ開発には規模の経済がはたらく、つまり大きなコンピュータを作るほど価格性能比が上がり、経済的だと考えられていた。ＩＢＭ出身の技術者ハーバート・グロッシュは、コンピュータの性能はその価格の二乗に比例するという「グロッシュの法則」を一九六五年に提唱している。

こうした考え方があったため、発電所でまとめて発電された電力が各家庭や企業に配電されるのと同じように、将来は巨大なコンピュータから多様なユーザーに計算能力が供給される時代が来ると真剣に予想されていた。

だが実際には一九七〇年代以降ハードウェアの価格が下落し始め、ハードな科学技術計算をこなすためのスーパーコンピュータなどは別として、コンピュータの大型化への流れは止まる。そして、次章以降で触れるようにパーソナル・コンピュータ（ＰＣ）やインターネットの普及など、新たな革新が続いていく。

冷戦期のデュアルユース技術

ここまで原子力、宇宙開発、コンピュータ開発の初期の経緯をみてきたが、それらはいずれも第2次世界大戦中に開発された基盤技術がのちに民生目的にも展開していったという点で共通している。その後も冷戦期を通じて、潤沢な軍事予算で開発された最先端の技術が民生部門に移転され、米国の産業の強みを形成した。このように軍事から民生へ技術基盤の移行が着実に進んだことが、冷戦型科学技術の特徴の一つであった。

一般に、軍事用・民生用のどちらにも使用可能な先端技術はデュアルユース技術と呼ばれる。軍事部門で開発された技術の民生転用（スピンオフ）の事例は数多い。一方、第4章で述べるように一九八〇年代頃からは民生用の技術の軍事転用（スピンオン）も増え、両者の開発基盤を共通化する政策も打ち出されて、両者の垣根は下がってきた。

冷戦期のデュアルユース技術の特徴は、それが機密性が高い巨大なシステムだったことである。原子炉、ロケット、人工衛星などは、開発に莫大な資金と人材を必要とし、またその軍事的意味合いの大きさゆえ徹底した情報管理及び組織管理を必要とした。つまり、必要な知識さえあればすぐに開発にとりかかることができる技術ではなかった。

では機密性が高いはずの原子力技術や宇宙技術はどのように軍事部門から民生部門へ

1-6　シッピングポート原子力発電所の建設　圧力容器のなかへの重量58トンの炉心の設置には8時間以上を要した（1957年10月）

と移行したのだろうか。それは、主に軍のプロジェクトに関わった企業や人材がその後民生用の技術開発に携わることによってであった。

まず原子力についてみると、海軍の原子力潜水艦用の原子炉の開発を行っていたウェスティングハウス社が、それを改良して一九五七年、米国初の民生用原子力発電所であるシッピングポート原子力発電所の運転開始に漕ぎつけている。海軍で原子力潜水艦開発に携わっていたハイマン・リコーバーがその建設を監督した。一方、ジェネラル・エレクトリック（GE）社も軍事用の原子力開発の経験をベースに、原子力委員会傘下のアルゴンヌ国立研究所の技術者を引き抜くなどして、商業用原子力発電所を一九六〇年に完成させている。いずれにせよ、軍事部門の技術基盤は米国の原子力産業の育成に大きな役割を果たした。

次に宇宙開発についてみると、ＮＡＳＡはそもそも軍から組織や人材の移管を受けて成立した組織であったが、民間企業の側でも軍事用宇宙システムの開発を経験していたボーイング社などがアポロ計画などの中核を担った。また、軍、ＮＡＳＡ、民間企業の間の人的な往来も多かった。アポロ計画期のＮＡＳＡのリーダーの多くは、実は空軍や軍需企業の出身者であり、彼らは任務を果たすとそれぞれまた空軍や軍需企業へ戻っていった。ＮＡＳＡは非軍事の組織であったとはいえ、米国の宇宙開発では軍民が明確に分離されていたとはいい難い。

原子力や宇宙開発に比べると、コンピュータ関連の技術はより容易に軍事から民生利用に移行した。開発に要する資金や組織の規模が小さく、基本技術の構成が比較的単純で、秘匿性が低かったからである。ＥＮＩＡＣなど最初期のコンピュータが、軍の資金によってとはいえ大学で開発されたため、技術的知識が広がりやすかったという経緯もある。とはいえ軍事部門のプロジェクトの役割は重要であって、ＳＡＧＥの事例にみられるように軍事的な目標が先端技術を牽引し、その経験が企業と人材に蓄積されて、民生利用の可能性を広げていった。

軍産複合体の構造

原子力、宇宙開発、コンピュータ開発は、互いに相乗効果を生みながら冷戦型科学技術を構成していた点も押さえておきたい。核兵器の運搬のためにICBMが開発され、その誘導管制に高性能コンピュータが必要だったように、各分野はつながっていた。さらに幅広く、航空、電気電子、材料などの科学技術分野もこの構造に含まれていた。冷戦型科学技術は、全体として巨大な市場を形成していた。一九六〇年代前半、米国がソ連に対抗して核弾頭の増産を急いでいたとき、ICBM搭載用のコンピュータのまとまった需要が集積回路(IC)の低コスト化をもたらして市場の離陸につながったことはよく知られている。アポロ宇宙船搭載用の高度なコンピュータの開発の莫大な投資も大きな市場を創り出した。全体としてみれば、核戦力の強化及び米国の威信確保という国家的至上命題の下、コンピュータ産業を含む巨大な経済圏が拡大したのである。

この経済圏こそが、軍と産業界の連合体である軍産複合体の核心だった。アイゼンハワー大統領が一九六一年の離任演説のなかで軍産複合体が国家や社会に過剰な影響力を与えつつあることに懸念を表明したことは有名である。軍が軍需産業を潤し、一方で軍需産業が雇用をもたらし、また政治献金などを通じて軍の政治的支持基盤を強化する構造は、当時たしかに膨張していた。

軍産複合体と大学との関わりにも留意する必要がある。ＭＩＴやスタンフォード大学などは特に積極的に軍から多額の資金を受け入れ、一流の施設や人材を整えて軍や企業と密接に連携しながら研究を進め、研究力をますます高めていった。それらの大学の周辺には関連企業が集積し、さらに強力な研究開発能力が形成されていった。

軍産複合体が成立していた背景には、ソ連よりもつねに先端的な兵器をより大量に、より早く配備しなければならない、そのためには惜しみなく資金を投じるべきだという考えが米国内で支持されていた状況があった。米国の軍産複合体の功罪の全体をここで論じることは難しいが、それが現代科学技術を形作る一つの支配的な構造であったことは確かだろう。

システム工学とソフトウェア工学

冷戦型科学技術の巨大システムは、その構成要素が膨大かつ多様で、それらが複雑に嚙み合うことで全体の機能を実現していた。そのため、システムを統合的に作動させること自体が重要な課題となる。なお、ここでシステムとは、ハードウェア本体に加え、幅広い周辺設備・インフラやソフトウェア、場合によってはオペレータなどの人的要因も含めて考える。

このような技術システムの開発の統合的な管理を行う方法論をシステム工学という。システム工学では、単にシステム全体を整合的に作動させるだけでなく、その性能を最大限に発揮させ、一方で事故などのリスクを抑える、つまりシステム最適化のための調整を行う。さらに、コストやスケジュールの制約のなかで、計画全体を管理する。

システム工学の原型は、一九五〇年代のICBMなどの開発の過程で確立した。その経験を蓄積した空軍や軍需企業の担当者が、NASAのアポロ計画にもシステム工学を導入する。ICBMやアポロ計画はそれ以前の大規模プロジェクトと比べて段違いに複雑で、開発スケジュールも厳しかったため、システム工学の体系的手法が必要だった。

コンピュータ開発では、ハードウェアもさることながら一九六〇年代にはソフトウェアの大規模化への対応が難しい課題となった。当時はソフトウェアの規模が一〇〇万行程度に達することもあり、その全体の正常な機能を担保することが困難になっていた。

一九六二年に打ち上げられたNASAの金星探査機マリナー1号が、ソフトウェアのなかのわずか一文字のミスのために誤作動し、打上げ後五分足らずで指令破壊されなけ

1-7　ムーアの法則

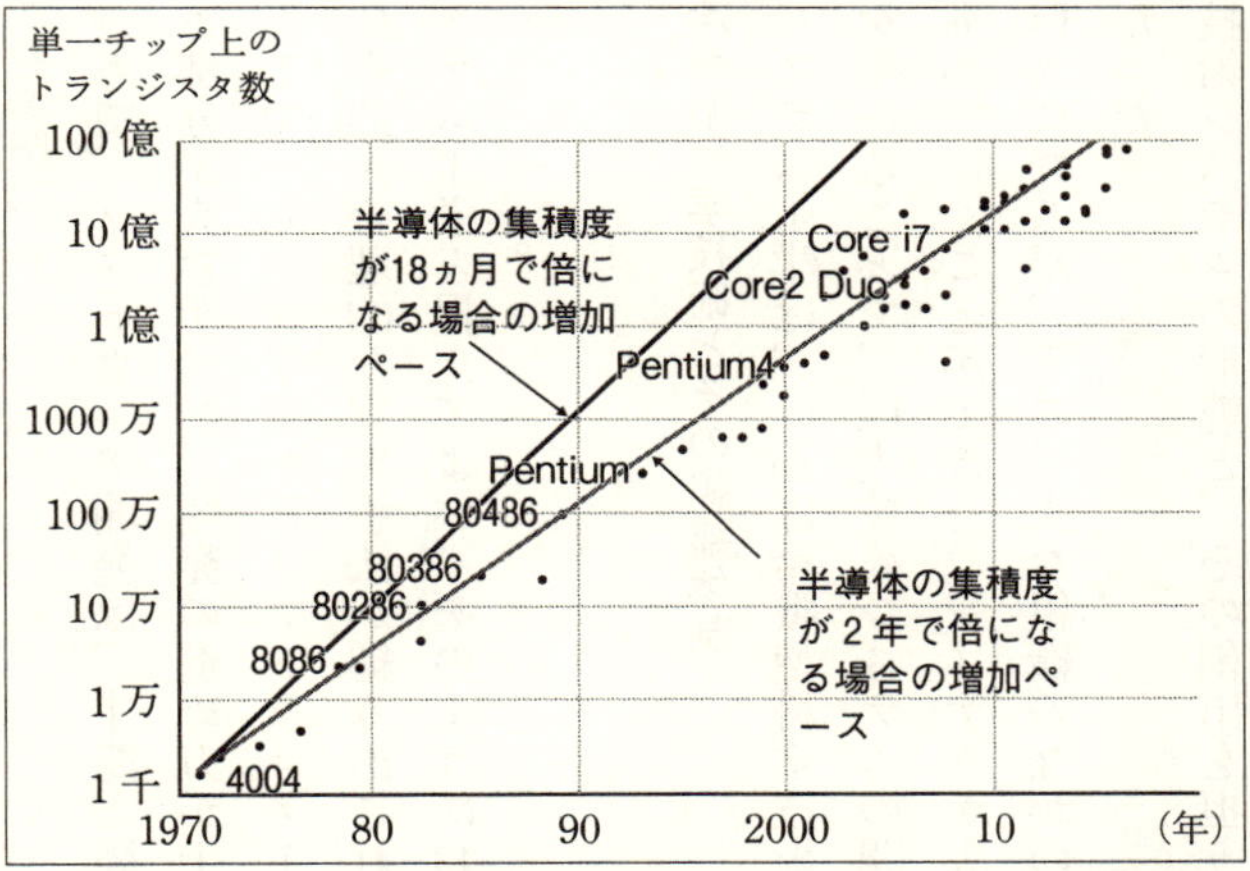

インテル社のCPU（中央演算装置）上のトランジスタ数の推移を示した。18ヵ月で倍の増加ペースよりは遅いが、約2年で倍のペースで、ほぼ半世紀にわたってトランジスタ数は増加し続けてきた

ればならなかった例は有名である。ソフトウェア開発で生じた問題が大規模プロジェクト全体の足を引っ張ることも多くなった。

なぜ当時、ソフトウェア開発が特に難題になったのだろうか。それは、ハードウェアの性能の驚異的な伸びにソフトウェア開発が追いつかなかったからである。のちにインテル社の共同創業者になるゴードン・ムーアは一九六五年、ハードウェアの基本性能を規定する半導体の集積度は指数関数的に一年半ごとに倍増するという「ムーアの法則」を提唱している（1

―7を参照)。

一方で、ソフトウェア開発は、才能と経験が豊かだが個性の強いプログラマーに依存する部分が大きかった。開発の進め方が十分に規格化されていなかったのである。

そこで一九六八年頃からソフトウェア工学という概念が提起され、ソフトウェア開発の体系的・合理的な管理手法が編み出されていく。これは、ソフトウェア開発のためのシステム工学と捉えてよい。そのようにしてソフトウェア開発は着実に構造化、標準化されていった。

冷戦型科学技術とその組織体制

システム工学は、いわば冷戦型科学技術の構築を可能にした共通言語だった。この言語を用いることで、巨大技術システムの開発組織の内部で状況を共有し、プロジェクトを進めていくことができた。システムが大規模なものになるほど開発組織もそれにつれて巨大になるが、その巨大な組織のなかの整合的な意思疎通を担保したのがシステム工学だった。

技術システムの形態と、その創出を担う組織体制の形態とは連動する。代表的な冷戦型科学技術である原子炉、ロケット、コンピュータといったシステムは、垂直統合型で中央集権的な性格をもっていた。そうしたシステムを開発・運用するうえでは、国防総省やNASAなどを頂点とし、数多くの民間企業で構成される集権的な組織体制が求められた。

冷戦型科学技術のシステムには、秘匿性の高さという特徴もあった。核兵器やミサイルのような軍事用システムはもちろん、非軍事目的の宇宙開発などのシステムでも厳格な情報管理が必要になるため、統制のとれたクローズドな組織体制が必要となった。

そうした組織体制こそが軍産複合体であった。緊迫した冷戦下では、連邦政府、とりわけ軍に資金と情報が集中した。そうであれば民間企業も、軍による集権的統制を受け入れ、軍産複合体を前提として企業戦略を考え研究開発を行うことになるのは当然である。

米国が冷戦期に置かれていた固有の政治的環境が、軍産複合の組織体制と、それが創り出す集権的な巨大技術システムの基盤となっていたのである。

第2章

崩れる権威、新たな潮流

——デタント後の米国社会

単純な「善」への懐疑

一九六〇年代の米国では宇宙開発をはじめ科学技術に巨費が投じられたが、同じ頃、科学技術への懐疑も広がり始めていた。その動きは、一九六〇年代末から七〇年代初めにかけて米国社会で大きな流れになり、冷戦型科学技術の質的な変化を促していく。

多くの米国人はこの時期、科学技術が環境への脅威となり得ることを意識し始めた。一九六二年、生物学者レイチェル・カーソンは『沈黙の春』を著し、農薬などの化学物質による生態系への悪影響を告発したが、それをきっかけに環境運動が拡大していく。一九七〇年には国家環境政策法が制定されて環境保護庁が発足、その頃から環境規制が強化された。さらに一九七二年には国連人間環境会議（ストックホルム会議）が開かれ、ローマクラブが報告書「成長の限界」のなかで地球の有限性を強調している。

科学技術への懐疑の声は、ベトナム戦争が一九六〇年代後半以降泥沼化するなか、反戦運動を通じても若者や女性を中心に広がった。ナパーム弾や枯葉剤の使用がベトナムの民間人を苦しめたことが知れわたり、科学技術には大きな負の側面があることが実感されたのである。大学でも科学技術の軍事利用に対する抗議の声が高まった。

著名な論者らも科学技術への厳しい批判を繰り広げた。科学技術を単純に善とみなす当時の価値観に反発したシオドア・ローザックの『対抗文化の思想』（一九六九年）や、際限なく巨大化する科学技術の構造とそれを支える権力の複合体を批判したルイス・マンフォードの『機械の神話——権力のペンタゴン』（一九七〇年）などは大きな影響力をもった。

当時の米国で都市問題や貧困問題などへの対応が迫られたことも、原子力や宇宙開発には逆風となった。ベトナム戦争で財政が圧迫されるなか、巨大科学技術の予算増大は受け入れられ難かったのである。

そもそも、一九六〇年代末になると米国が宇宙開発や核軍拡を全力で進める必要性自体が弱まった。一九六九年に大統領に就任したリチャード・ニクソンがデタント（東西冷戦の緊張緩和）の流れを明確にしたからである。

ニクソンは大統領就任後間もなく、アジア地域での米国の役割を縮小し、アジア諸国自身の手に安全保障を委ねていくという、いわゆる「ニクソン・ドクトリン」を発表している。世界のなかで米国の軍事的・経済的地位が相対的に低下するなか、米国がそれまでの世界戦略を維持することはもはや難しくなってきていた。ニクソンはソ連との軍縮交渉に乗り出し、中国との国交正常化に踏み切り、ベトナムから撤退する。そのようにして冷戦の緊張が緩むことで、軍事科学技術や宇宙開発を連邦政府が強力に後押しする必要性は失われていった。

デタント——巨大科学技術の転機

デタントが軍事科学技術に与えた影響は明らかだった。

一九六九年、ニクソンは大統領に就任してすぐにソ連との第1次戦略兵器制限交渉(Strategic Arms Limitation Talks I、SALT—I)に臨み、七二年に合意に達している。この条約により両国のICBMなどの保有数が制限された。また、両国が当時開発していた迎撃ミサイルシステムの配備を制限するABM(Anti-Ballistic Missile)条約も締結されている(2—1を参照)。

米ソの軍事科学技術がこれらの合意によって大きく抑制されたわけではは必ずしもないが、ニクソンの軍縮志向はその後のジェラルド・フォード、ジミー・カーター両政権に引き継がれ、一九六九年から七九年までの一〇年間で米国の軍事科学技術予算の伸び率は年平均で四%未満と、同時期の平均七%超のインフレを考慮すれば低い伸びとなった。

非軍事の巨大科学技術も一九七〇年代に入って明らかに転機を迎えた。NASAはアポロ計画の成果を踏まえて宇宙開発をさらに拡大していく構想を立てるが、ニクソンはそれを認めなかった。NASAの予算は、アポロ計画関連の予算が膨らんだ一九六六年をピークにその後五年間で約四割減少する。NASAは一九七二年にスペースシャトル計画開始の承認をとりつけるが、その後も恒常的な予算不足に悩まされてスケジュールは大幅に遅れ、ようやく一九八一年その初打上げに漕ぎつける。

一方、比較的少額の予算で実行可能な無人宇宙探査は順調に進んだ。一九七六年にはバイキング1号が火星への軟着陸に成功、また七七年に打ち上げられたボイジャー2号は木星、土星、天王星を経て八九年に海王星の近傍通過に成功する。

原子力の民生利用は一九七〇年代に一気に沈滞したが、その理由はデタントではなく環

2-1　**デタントを進めたニクソンとブレジネフ**
SALT-Iを合意に漕ぎつけABM条約を締結した米国リチャード・ニクソン大統領（左）とソ連レオニード・ブレジネフ共産党中央委員会書記長（右）（1972年5月）

境運動だった。原子力発電所から出る温排水が生態系に及ぼす影響や、低線量の放射線が周辺住民に与える影響については一九六〇年代末から問題になっていた。環境団体からの圧力もあって一九七〇年には国家環境政策法が制定され、あらゆる連邦政府の政策の実施に際して環境への影響の考慮が求められるようになる。

ところが、国家環境政策法に基づく環境影響評価の実施に原子力委員会（AEC）は積極的な姿勢をみせなかった。環境団体などが起こした訴訟に敗れてから、ようやく原子力委員会は環境問題に一段の配慮を払うようになる。

非常用炉心冷却装置（ECCS）の有効性や放射性廃棄物の処理方針に関する問題もこの頃提起された。原子力委員会による規制は強化・複雑化し、原子力発電のコストは上昇していく。

その結果、電力事業者にとって原子力発電の魅力は低下した。インフレで建設費の利子が膨らんだという事情もあって、一九七二年以降、原子炉建設計画のキャンセルが続出する。一九七三年には第1次石油ショックが起きて、原子力発電のコスト優位性が上がるかとも思われたが、むしろ電力需要全体が低迷し原子力発電への逆風となった。

そして一九七九年にはスリーマイル島原子力発電所事故が発生する。この炉心溶融をともなう重大事故により、原子力の安全性には根本的な疑問が投げかけられた。

こうした一連の流れのなかで、一九七九年から二〇一一年まで米国で原子力発電所の新規建設計画は完全に途絶える。

2-2　Apple Ⅱ

PCの登場――分散化とオープン化

コンピュータ開発に目を転じると、一九七〇年代に入ったところでやはり転機を迎えている。六〇年代まではコンピュータの大型化が志向されたが、七〇年前後から比較的小型で安価なコンピュータの販売が大学や研究所向けに始まった。七〇年代半ばには最初期の個人向けコンピュータが登場、七七年にはアップル社のApple Ⅱが大ヒットして、パーソナル・コンピュータ（PC）の時代の幕開けを告げる。

PCの登場により、コンピュータ分野では集中型の巨大システムから分散型の小型システムへの流れが始まった。それを支えたのは、半導体の集積度の向上とコストの低下である。一九七〇年代には電卓、デジタル時計、ゲーム機も市場に登場し、それらもみるみるうちに小型化・高性能化して家庭に普及していく。

ソフトウェア開発でもこの頃新しい潮流が生じている。一九六九年から数年間でベル研究所の技術者らが開発したUNIXというオペレーティング・システム（OS）は、従来の巨大で複雑なOSと違って、簡素な構造をもちさまざまな機種のコンピュータで使えるように作られた。しかもそのプログラムが一般に公開されたため、特に小型コンピュータのユーザーがそれを修正あるいはカスタマイズして共有し合い、便利で安定性の高いOSへと進化していく。ここにも集中型の大規模システムから分散型でオープンなシステムへの転換がみられた。

現在のインターネットの原型であるアーパネット（ARPANET）の構築が始まったのもちょうどこの頃である。アーパネットの研究開発を主導したのは国防総省の高等研究計画局（ARPA、現国防高等研究計画局〔DARPA〕）だった。高等研究計画局はスプートニク・ショックを受けて一九五八年に設立され、最先端の研究開発プロジェクトへの投資を担ってきた組織である。

高等研究計画局の技術者らは、コンピュータをネットワーク化して通信を行い、全米規模で計算能力を融通し合うことを一九六〇年代から構想していたが、六九年に初めてそのようなシステムを実証する。当初は四ヵ所のみを相互接続していたが、その後着実に接続数は増加し、一九八〇年時点では二〇〇ヵ所ほどのネットワークへと成長していく。

アーパネットの意義

アーパネットは、すぐれて水平分散型のシステムであった。現在のインターネットと同様、コンピュータ間の通信を管理する司令塔はない。各コンピュータから送信される情報は、細切れにされたパケットの形で、ネットワーク上の中継地点をバケツリレーのように経由して宛先のコンピュータに届けられる。その経由ルートはパケットごとに異なっていてもよく、最終的に宛先側のコンピュータがパケットが全部届いたことを確認して情報を復元する。

アーパネットは、このような通信方式を採用することで、特定の通信により回線が占有されず、かつ一部回線の切断時にも機能するネットワークを実現した。初期の頃には

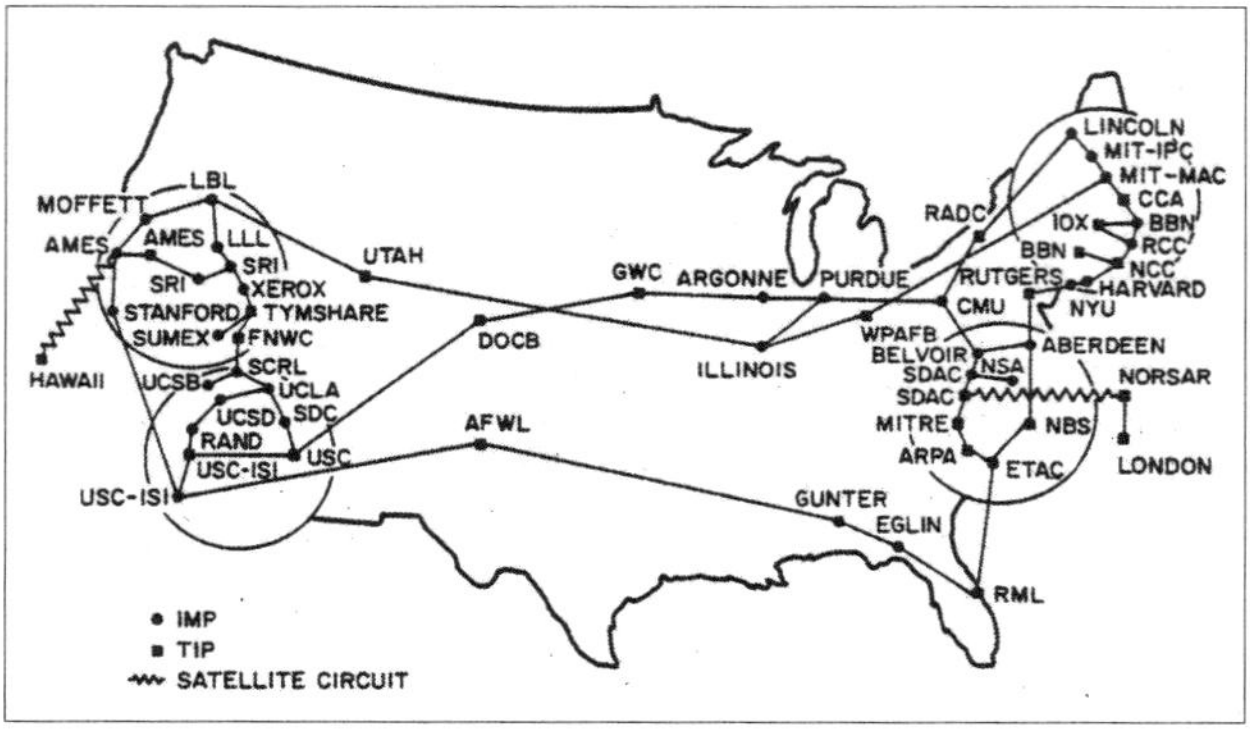

2-3　ARPANET（1975年7月）

通信の安定性に問題があったが、改善が重ねられて信頼性の高いネットワークへと進化していく。

アーパネットの進化の過程もオープンかつ水平分散型だった。ユーザーが技術的な提案を「コメント募集」（RFC：Request for Comments）という文書形式でネットワーク上に公開し、それが段階的にデファクト・スタンダード（事実上の標準）として確立していくという形になっていたのである。

たとえば、アーパネットの通信方式は当初NCP（Network Control Program）という通信プロトコルに従っていたが、スタンフォード大学のビントン・サーフが国防高等研究計画局のロバート・カーンとともに開発した新方式を一九七四年にRFCとして提案する。その後ユーザーを巻き込みながら国防高等研究計画局を中心に改良が重ねられ、一九八三年にはＮＣＰに代わる標準としてＴＣＰ／ＩＰ（Transmission Control Protocol/Internet Protocol）が確立、これをもって現在のインターネットの骨格が固まった。

科学技術史の観点からみて注目すべきなのは、こうしてユーザーの意見を取り入れながら柔軟に進化したＴＣＰ／ＩＰが、国際標準化機構（ＩＳＯ）が定めた公式の国際標準であるＯＳＩ（Open Systems Interconnection）を差し置いてデファクト・スタンダードとしての地位を確立したことである。

国際標準化機構は、一九四七年に創設されて以来あらゆる分野の国際標準を策定・提供してきた組織である。だが、コンピュータ・ネットワークの通信プロトコルの標準化に際しては関係国・関係機関の多様な要求をできるだけ取り入れようとするあまり調整に長期間を費やし、ようやくできあがった通信プロトコルＯＳＩも複雑すぎて実装困難なものになっていた。その間に簡素で柔軟性の高いＴＣＰ／ＩＰが世界に広く普及し、ＯＳＩは使われなくなったのである。

インターネットの国際標準化をめぐるこのような経緯も、現代科学技術の基本的な性格がフォーマルで統制された形態からインフォーマルでオープンな形態へとシフトしてきたことの一つの表れとしてみることができるだろう。サーフやカーンらとともにインターネット発展の初期に活躍したデイビッド・クラークは、インターネットという技術の価値観について、「われわれは王、大統領、選挙を拒否し、おおまかな合意と動いているプログラムを認める」と述べている。

インターネットは、一九七〇年代前後に端を発する現代科学技術の構造変動を象徴する技術となっていく。

生命科学――新たなフロンティア

一九七〇年前後を境に、原子力・宇宙・コンピュータという冷戦型科学技術の三大分野が質的に変化するなかで、大きく切り拓かれた新しい科学技術の分野もあった。最大のフロンティアとなったのは生命科学である。

生命科学では、DNA(デオキシリボ核酸)の二重らせん構造がジェームズ・ワトソンとフランシス・クリックによって一九五三年に突き止められ、その後も生物の細胞のメカニズムが次第に明らかになっていったが、この分野に連邦政府から戦略的な資金投入は行われていなかった。ところが、一九七一年にニクソン大統領は議会への一般教書演説のなかで次のように述べ、「がんとの戦争」に取り組む方針を表明する。

私は、がんの治療法の発見のための集中的な取り組みを開始するために一億ドルの予算を新たに要求したうえで、今後必要であれば追加の予算もすべて要求します。米国では原子を分裂させ人間を月に運んだときと同様の集中的努力が、この恐ろしい病の克服に向けられるべき時がきました。この目標を達成することを国家全体で決意しましょう。

このニクソンの演説は、米国の科学技術の重点分野が巨大科学技術から医療という社会的ニーズに対応する生命科学へと移行することを示す歴史的なものだった。実際にはがんの治療法の発見という目標は短期では達成不可能だったが、生命科学への集中投資が始まったことで米国はその後長期にわたりこの分野を主導していく。

ちょうどこの頃遺伝子組み換え技術が確立したことも、生命科学の飛躍的発展を促した。カリフォルニア大学サンフランシスコ校のハーバート・ボイヤーとスタンフォード大学のスタンリー・コーエンらは一九七三年、遺伝子組み換えを行った大腸菌の作成に初めて成功する。この画期的な技術は生命科学の研究手法に革新をもたらし、医学、薬学、農学などで幅広い応用の可能性を広げた。

だが、異なる生物のDNAをつなぎあわせて機能させる遺伝子組み換え技術がどのような危険性をはらんでいるのか、当初は明らかでなかった。このため一九七五年、カリフォルニア州アシロマに米国内外の科学者らが集まり、会議を開いている。アシロマ会議では、遺伝子組み換え実験の際の安全確保のためのガイドラインが合意された。これを参考に米国をはじめ各国の政府機関で遺伝子組み換えに関わる指針が策定される。

当時の遺伝子組み換え技術は、酵素などを用いてDNAの切断や接合を行うものであり、二〇一〇年代に普及するゲノム編集技術に比べれば圧倒的に非効率、不確実で手間のかかるものだった。しかし、次章でも述べるように早くも一九七八年には大腸菌の遺伝子組み換えによるヒトのインシュリンの精製が可能になり、一九八二年にはそれが医薬品として承認されるなど、遺伝子組み換え技術の応用は着実に進んでいく。

エネルギー開発――「適正技術」の理想

米国連邦政府は一九七〇年代、エネルギー開発にも力を入れた。米国では一九六〇年代末からエネルギー需要が急増し、大気汚染などの環境問題が社会的に注目を集めていたこともあって、ニクソン大統領は一九七一年、エネルギーの研究開発への公的投資の拡大を表明する。

さらに、一九七三年に第1次石油ショックが起きるとニクソンは八〇年までにエネルギー供給の自立を達成するという野心的な目標を掲げ、核融合開発や太陽光、風力、地熱などのエネルギー開発の予算を急増させた。

このようなエネルギー政策は、「適正技術」と呼ばれる新しい技術の考え方にも沿っていた。「適正技術」とは、もともとは先進国から途上国に技術移転をする際に適切と考えられる、現地の環境や条件に調和した技術を指す概念である。だが一九七〇年代に入ると先進国でも従来の巨大科学技術への懐疑が広がり、「適正技術」を求める社会運動が盛り上がる。それは、相対的に小型・分散型で、環境に優しく、人間中心で身の丈にあった科学技術を称揚するものだった。

一九七三年の第1次石油ショック以降は、米国の連邦政府や州政府も「適正技術」の推進のための資金支援を行っている。この年に出版された英国の経済学者アーネスト・シューマッハーによる『スモール・イズ・ビューティフル』も反響を呼び、一九八一年にレーガン大統領が就任する頃まで「適正技術」のブームは続いた。

環境問題に配慮しつつエネルギーを確保するという社会的要請に応えるため、米国のエネルギー研究開発予算は一九七四年から八年間で約五倍に拡大した。ただ、その流れはレーガン大統領就任とともに止まる。これは、同時期に日本で始まった新エネルギー技術開発「サンシャイン計画」（一九七四年～）や省エネルギー技術開発「ムーンライト計画」（一九七八年～）が長期的に継続され成果を残したのとは対照的である。米国の科学技術政策が政治を敏感に反映した一つの事例だろう。

軍事から社会問題の解決へ

生命科学やエネルギーの研究開発を進めたニクソン政権の基本姿勢は、米国社会が抱える問題の解決のために、それまで米国がアポロ計画などで蓄積してきた科学技術力を最大限活かすというものだった。

すでに一九六〇年代、「偉大な社会」を提唱したジョンソン政権の時代から、軍事や宇宙開発で培われたシステム工学のような技術管理手法を都市の交通問題や住宅問題、大気汚染の解決や水源確保などに活かそうとする動きはあった。一九七〇年代に入ってニクソンはそれをさらに進めようとしたのである。ただ、民生部門の課題解決には関係者・関係機関との政治的な解決が求められることが多く、システム工学的な手法はそれほど役に立たなかった。

社会課題の解決のために科学技術を活かす流れは、大学などの研究を資金面で支援する国立科学財団や国立衛生研究所にも及んだ。

第1章で述べたように国立科学財団は幅広い分野の基礎研究の支援を目的としていたが、一九六八年にその設置法が改正されて応用研究も支援の対象となる。それを受けてエネルギー問題、環境問題、都市問題などに関わる研究開発を支援する制度が設けられた。

国立衛生研究所でも、「がんとの戦争」によって課題対応型の研究費や委託研究の割合が急増する。デタントが始まった一九七〇年代には、科学技術の成果の社会還元が強く求められるようになったのである。

権威の多元化——軍や政権への異論

ここまで述べてきたように、米国では一九七〇年前後を境に軍事・原子力・宇宙開発の失速、生命科学へのシフト、コンピュータの小型化・分散化、環境問題など社会課題への対応の重視など、冷戦型科学技術の構造変化があった。実はこれと並行して、米国の科学界の構造も変容を遂げている。

米国では従来、物理科学分野の一部のエリート科学者が軍や政権の上層部とあたかも一体化していた。ところが、一九六〇年代末からは主流の科学者も軍や政権の方針に異論を唱え始める。科学界が必ずしも一枚岩ではなくなり、科学者どうしの論争が顕在化してきたのである。言い換えれば、科学の権威が多元化してきたということになる。

一九六〇年代までは、原子力委員会や大統領科学諮問委員会（PSAC）の委員を務める科学者らに権威が集中していた。大統領科学諮問委員会とは、大統領に対して科学技術、とりわけ軍事科学技術について直接助言するために一九五七年のスプートニク・ショックの直後に創設されたものである。その委員の大半は物理科学分野の科学者で、科学技術政策のいわばインナー・サークルを形成し、各政権の意思決定を強力にサポートした。委員長を兼務する大統領科学顧問のポストも同時に設置された。

ところが一九六九年にニクソン政権が発足すると、このような構造に変化が現れる。それが露《あらわ》になった事例として、ソ連からのICBMに対する迎撃ミサイル（ABM）の

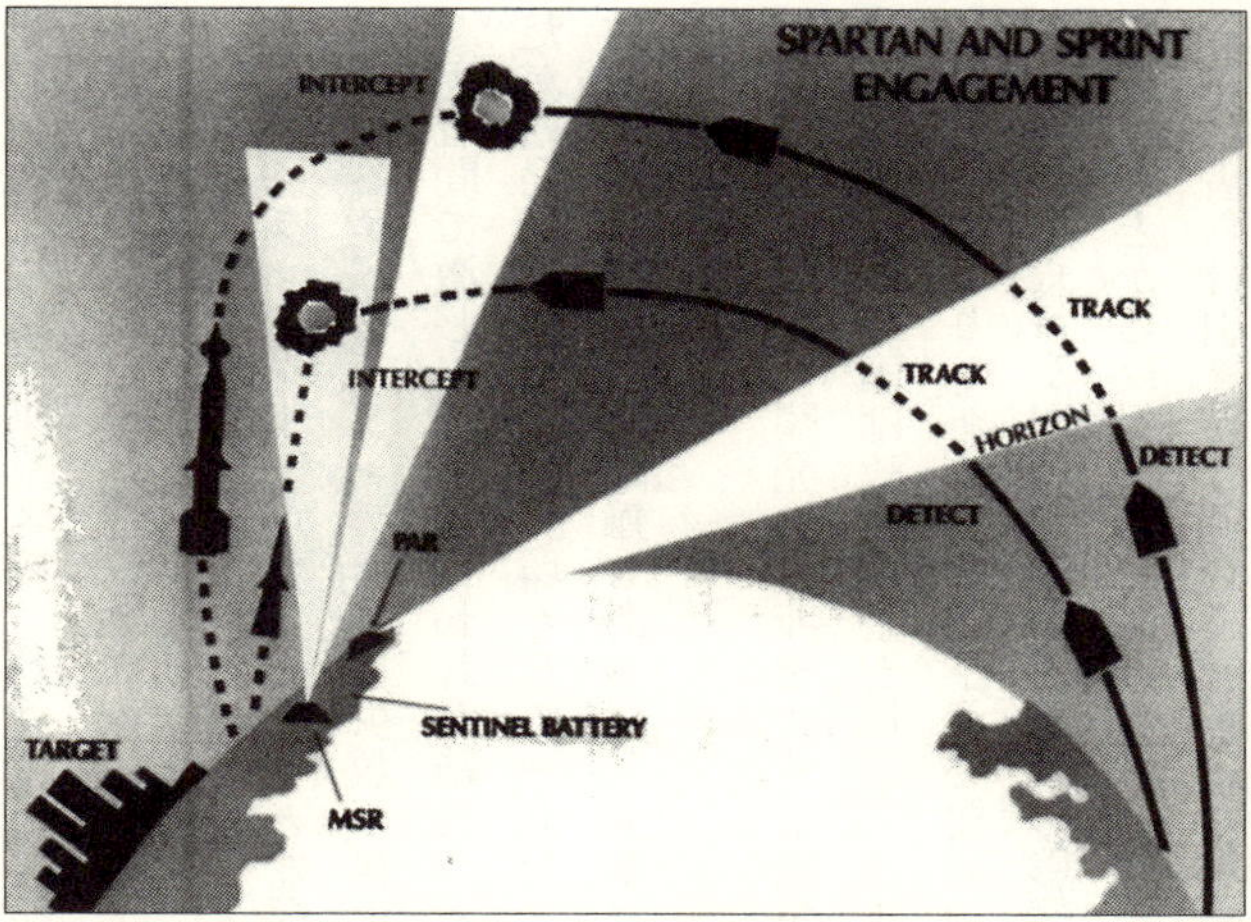

2-4　**迎撃ミサイル（ABM）システムの構想**　1967年にジョンソン政権が開発を始めた迎撃ミサイルシステム「Sentinel」の構想図。
当時の迎撃ミサイルの精度は低かったため、迎撃ミサイルに核爆弾を搭載して敵のミサイルの近くで爆発させることをねらった。MSR（Missile Site Radar）や PAR（Perimeter Acquisition Radar）といったレーダーで敵のミサイルを検知し、Spartan や Sprint といった迎撃ミサイルにより破壊する。
敵のミサイルをすべて防ぐことはめざしておらず、反対論も強かったが、ニクソン政権でも「Safeguard」という計画名で開発がしばらく続けられた開発計画と、超音速旅客機（SST）の開発計画をめぐる論争を取り上げよう。

ニクソン政権は発足後、新たな迎撃ミサイルシステムの開発を進めようとした。だが大統領科学諮問委員会の科学者らは反対する。技術面・費用面の課題があり、またソ連との核バランスを不安定化させることを懸念したからである。一方で「水爆の父」とも呼ばれるエドワード・テラーら少数の科学者は軍や政権の立場を擁護した。

両者間で激しい論争が行われた結果、ニクソンは反対論を押し切って開発を進める。だが結局、デタントの一環として一九七二年に米ソ間で迎撃ミサイル配備の制限条約が結ばれ、また技術的困難もあって、迎撃ミサイルシステムの開発は一九七六年に中止されることになる。

超音速旅客機の開発の是非をめぐる論争も注目を浴びた。ニクソンが大統領に就任した時点では、米国は政府資金を投じてボーイング社の超音速旅客機開発を後押しし、試作機製造にとりかかる判断を下す必要に迫られていた。大統領科学諮問委員会の科学者らは超音速飛行が引き起こす衝撃波の影響や高空で排気ガスがオゾン層破壊をもたらす可能性などから反対したが、ニクソンはそれを無視してゴーサインを出す。

科学者らは引き続き議会で計画反対を唱え、環境団体なども政治的圧力を強めた。結局、一九七一年に議会は超音速旅客機開発の資金援助を停止し、計画は中止される。

なお、英国とフランスが一九六〇年代から共同開発していた超音速旅客機コンコルドは一九七六年に就航し、環境問題や経済性の問題で同年製造中止となったものの、数機が二〇〇三年まで飛行を続けた。

科学技術への信頼の綻び

迎撃ミサイルシステムや超音速旅客機といった科学技術をめぐる論争が政治の表舞台で繰り広げられるようになったことで、議会では中立的な立場から科学技術を評価するためのメカニズムが望まれた。当時環境問題をめぐる議論がますます高まっていたこともあり、議会は一九七二年に技術評価局（OTA）を設置する。

技術評価局は、テクノロジーアセスメント（TA）を行う組織だった。すなわち、科学技術が社会にもたらすリスクや便益などについて客観的な立場から調査検討し、その結果を議員に報告する。これによって、大統領科学諮問委員会や大統領科学顧問以外に科学技術に関する見解を政治の場に発信する有力な公的機関ができた。

ただ、大統領科学諮問委員会はニクソン大統領と葛藤を重ねた後、一九七三年にいったん廃止の憂き目をみる。同時に大統領科学顧問も廃止されたが、ウォーターゲート事件でニクソン大統領が辞任した後フォード政権下で一九七六年に復活する。一方、大統領科学諮問委員会に似た大統領科学技術顧問会議（PCAST）が再び創設されるのは一九九〇年のことになる。

技術評価局はといえば、次第に陣容を拡大し、幅広く科学技術に関する調査を展開した。一九九五年に党派的な争いのなか、議会予算削減の一環として技術評価局も予算を停止されるが、現在は会計検査院（GAO）などがテクノロジーアセスメントの機能を担っている。

従来、原子力委員会に権威と権限が集中していた状況も一九七〇年代に変わった。原子力発電所の安全・環境面の懸念と論争が高まるなか、一九七五年に原子力委員会がエネルギー研究開発局（組織改編により一九七七年よりエネルギー省）と原子力規制委員会（NRC）に分割された。これは、原子力委員会が原子力の推進と規制の両方を担っていることへの不信が高まったからである。

一九七〇年代前半に科学技術の権威が分散化・相対化し始めたことは、一九七五年に当時の国立科学財団長官ガイフォード・スティーバーが述べた次の言葉からもうかがえる。

科学者共同体、あるいはその一部が、社会的・政治的な営為から超然としていられる時代が去ったことは明らかである。科学は依然として敬われているかもしれない——最近の世論調査によれば実際にそうである。だが科学はもはや神聖なものではない。科学者が過ちを冒すことは明らかになったし、科学者は自分たちの知識の体系に不確実性や疑念を表明し、科学者どうしで公に論争している。これは必ずしも悪いことではないが、科学者もまた人間であることが明らかになり、したがって科学者も社会の他のあらゆる部分と同様、説明責任を負い、非難の対象となり得るのである。

こうして米国社会で科学技術に対する信頼が綻び始め、科学技術が社会に利益だけでなくリスクをもたらすという認識が広がってくると、そのリスクを理解しコントロールすることが課題となってくる。今日に至る科学技術のリスクに関する議論は、このような歴史的状況に端を発しているのである。

台頭するリスク意識

科学技術のリスクにはさまざまなものがある。一九七〇年代には、農薬などの化学物質が環境や人体に与えるリスク、原子力発電所から出る低線量の放射線のリスク、原子力発電所の過酷事故（炉心溶融などをともなう重大事故）が起きるリスクなどが盛んに議論された。

リスクをコントロールするためには科学的知識が必要だが、科学的知識だけでは処理できない問題もある。化学物質が人体にどのような影響を与えるかを厳密に検証することは難しく、不確実性の高い答えしか出てこないことも多い（2―5を参照）。原子力発電所の過酷事故については、一九七九年のスリーマイル島原子力発電所事故まで発生事例がなく、その発生確率を論じること自体が非常に難しかった。

さらに、化学物質や原子力発電所のリスクを算定できたとしても、どの程度のリスクまでであれば人々が受け入れることができるかという問題がある。これは、科学的観点だけでなく民主主義のプロセスのなかで解決されなければならない問題である。

このような難しい課題が増えてきていることについて、一九七二年に米国の核物理学

2-5　化学物質が生体に与える影響の不確実性
（用量－反応曲線の例）

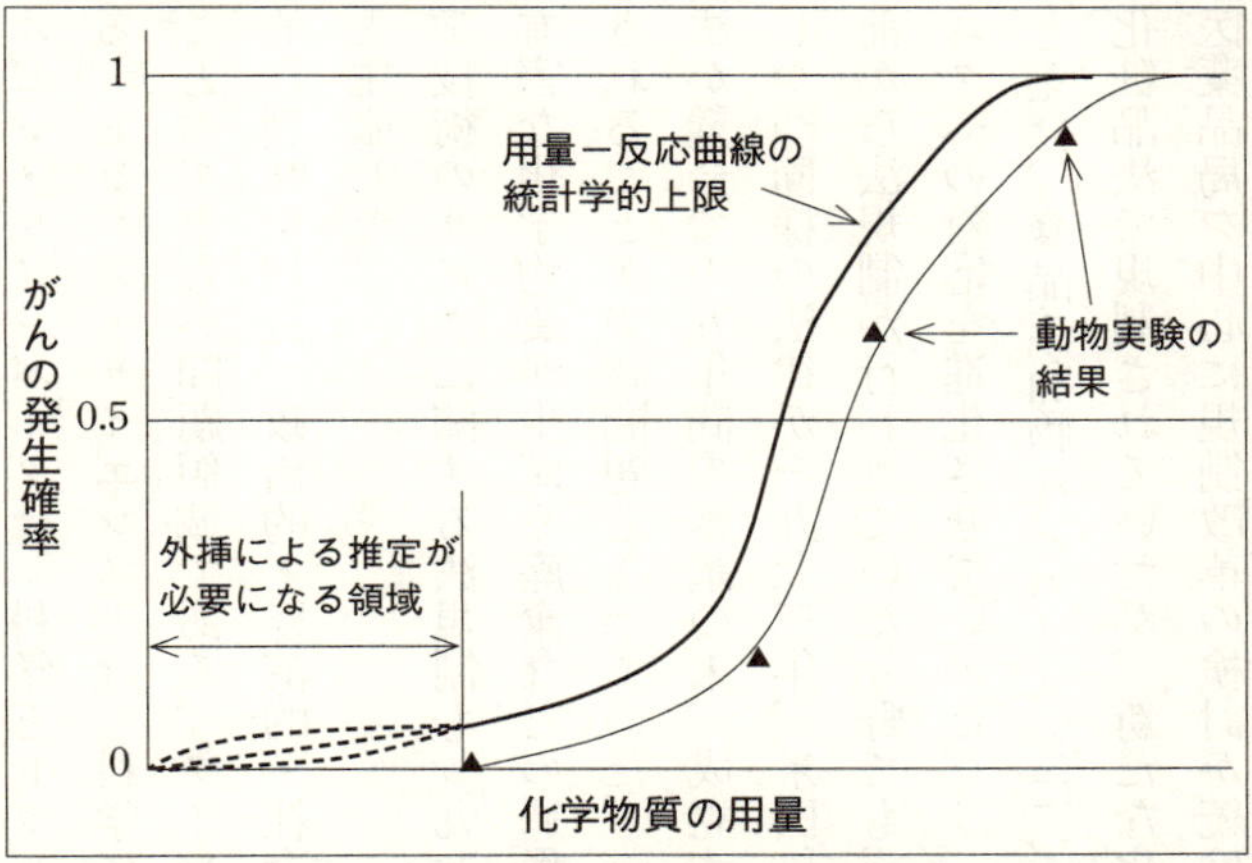

化学物質が生体に与える慢性的な影響は、通常動物実験を通じて分析するが、その過程では多重の推定が必要になる。

行える動物実験には限界があるため、摂取あるいは曝露した化学物質の用量とがん発生など生体への反応との間には、たとえば図に示されるような統計学的に幅のある関係性しか導かれない。

さらに、動物実験ではある用量以上での実験しかできず、現実に問題になる低用量領域については外挿（低用量外挿）による推定が必要になる。

また、マウスなど実験動物と人間では反応特性が異なるので、その間の外挿（種間外挿）も必要である。

加えて、人間の食品からの摂取量あるいは環境からの曝露量の推定もおおまかなものにならざるをえない。

こうした仮定や推定の積み重ねにより化学物質が人体に与える影響の不確実性は大きなものになるため、これまでそうした不確実性を小さくする努力が続けられてきた者アルビン・ワインバーグは「科学とトランス・サイエンス」という論文のなかで論じている。トランス・サイエンスとは、科学によって問うことはできるが科学だけでは答えることのできない問題領域である。ワインバーグはトランス・サイエンスについて、科学的な判断を超え、政治的・経済的・社会的な観点も取り入れて判断しなければならないと主張した。

科学技術のリスクに関する法規制も一九七〇年代に進んだ。たとえば、PCBや鉛などの有害な化学物質が生産や廃棄などの過程で放出され、食物連鎖などによって人体に吸収されることが当時問題となっていた。一九七六年には化学物質を規制する有害物質規制法が議会での五年間の審議の末、成立する。ちなみに日本では、米国での議論も参考にしつつ同様の法律が一九七三年、米国に先立って制定されている。

以前から法規制が行われていた分野でも、各政府機関が新しい科学的知見を取り入れてリスクへの対応を進化させていった。

たとえば、食品添加物などのリスクについては、一九三八年制定の連邦食品・医薬品・化粧品法で規制されていたが、新たな化学物質や計測技術の進化に対応するため、食品医薬品局を中心に規制改革の検討が続けられた。原子力発電所の事故についても、伝統的な安全対策に加え、事故のリスクの定量的な算出が試みられるようになる。

こうしたリスク対応の進展に関する検討経緯については第5章でより詳細に扱うが、その背景には本章で論じてきた一九六〇年代末から七〇年代にかけての一連の歴史的変動——科学技術の負の側面への着目、新たな科学技術の模索、社会課題を志向する科学技術の重視、科学技術の権威の多元化——があった。このような流れのなかで、米国連邦政府は科学技術のリスクと向き合うことを一層求められるようになったのである。

第3章

産業競争力強化の時代へ

――産学官連携と特許重視政策

産業イノベーション構想

第2章で述べたように、一九七〇年代には社会の課題解決のための科学技術が重視されたが、米国経済を支える役割も科学技術に求められるようになった。翳りがみえていた米国企業の産業競争力を立て直すという政治的課題に取り組むため、科学技術がもつ経済的ポテンシャルが期待されたのである。

一九七〇年代は、米国経済の地盤沈下が目立ち始めた時期であった。第2次世界大戦後の世界経済は、米国がドルと金の兌換《だかん》を保証するブレトン・ウッズ体制の下で安定的に成長してきたが、その体制は一九七一年に終焉を迎え、各国の為替は変動相場制に移行する。米国の貿易収支もこの年以降赤字拡大基調となり、石油ショックなどの影響もあって経済成長率も鈍化、失業率も上昇した。さらに、時に一〇%を超えるインフレが国民を苦しめた。

米国の産業界や学界では、経済の地盤沈下の原因をイノベーションの停滞とする論調が強まっていった。一九七六年、『ビジネスウィーク』誌は「米国のイノベーションの崩壊」と題する記事を掲載したが、その頃から米国の研究開発力低下を危惧する議論が急速に高まる。

こうして、イノベーションの促進を通じての産業競争力強化は重要な政治的課題となった。一九七七年に大統領に就任したジミー・カーターは、翌年数百名の官民の人材を集めて戦略を検討させる。その成果は一九七九年、「産業イノベーション構想」としてまとまった。

このカーター政権の構想には、米国が一九八〇年代以降展開する産業競争力強化の施策のメニューが数多く盛り込まれていた。それらの施策に一貫したスタンスは、産学官の連携である。具体的には、大学や国立研究所から企業への技術移転の促進、連邦政府によるベンチャー企業の支援、特許制度とその運用の改善、反トラスト法（独占禁止法）の柔軟な運用、規制緩和や労使関係の改革などであった。

米国は現在に至るまで産業競争力強化の大きな戦略を何度か打ち出しているが、その出発点は一九七九年の産業イノベーション構想であったといえる。

技術移転とバイ・ドール法

産業イノベーション構想以前にも、一部の連邦政府機関は産業競争力強化のための施策を打ち出していた。国立科学財団は一九七七年、ベンチャー企業を支援することを目的としたＳＢＩＲ（Small Business Innovation Research）制度を創設している。これは、支出する研究費のうちの何％かをベンチャーなど中小企業向けの枠として確保する制度である。

産業イノベーション構想は、国立科学財団のＳＢＩＲ制度を他の政府機関も採用するよう促した。一九八二年のＳＢＩＲ開発法の制定によりそれは実現する。なお、この制度はその後海外にも広がり、一九九九年には同様の趣旨の日本版ＳＢＩＲ制度が生まれている。

産業イノベーション構想に沿った最初の重要な法律は、一九八〇年のスティーブンソン・ワイドラー技術革新法であった。この法律は、国立研究所から民間企業や州・地方政府への技術移転を促し、各国立研究所に技術移転を担う部署を設置することや一定割合の予算を技術移転のために使うことを義務づけていた。

スティーブンソン・ワイドラー法は、大学が企業と連携して「産業技術センター」を設置・運営するのを国立科学財団と商務省が支援する旨も規定していた。ただ、これはカーター政権を一九八一年に引き継いだレーガン政権が予算を手当てせず実現しなかった。

3-1　米国のイノベーション促進に貢献した1980年代初頭の法整備

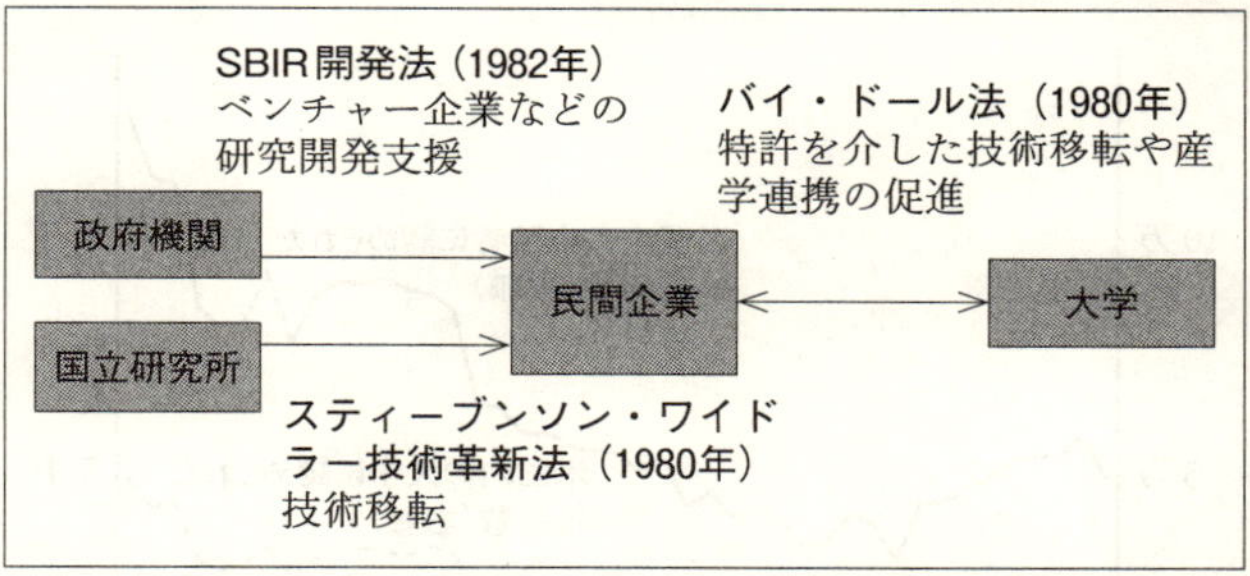

大学からの陳情などを踏まえてバイ・ドール法を議会に提出した
バーチ・バイ及びロバート・ドールはともに有力な上院議員

一九八〇年に制定されたもう一つの重要な法律にバイ・ドール法がある。この法律は、連邦政府から資金を受けて大学が生み出した研究開発の成果について、大学側が特許を得ることができるようにしたものである。米国のイノベーションの促進にその後大きな役割を果たしたとして、広く世界でも知られることになる。

バイ・ドール法制定以前は、連邦政府資金によって大学で行われた研究の成果は連邦政府に帰属させるのが原則だった。ただし、国立衛生研究所や国立科学財団は大学と個別に契約し、大学側の特許申請も認めていた。このため、一九八〇年以前も大学が特許を得るケースはめずらしくはなかった。バイ・ドール法のポイントは、連邦政府全体で特許の取り扱いを明確化したことである。実際、一九八〇年代

3-2　米国特許商標庁から出された特許総数の推移

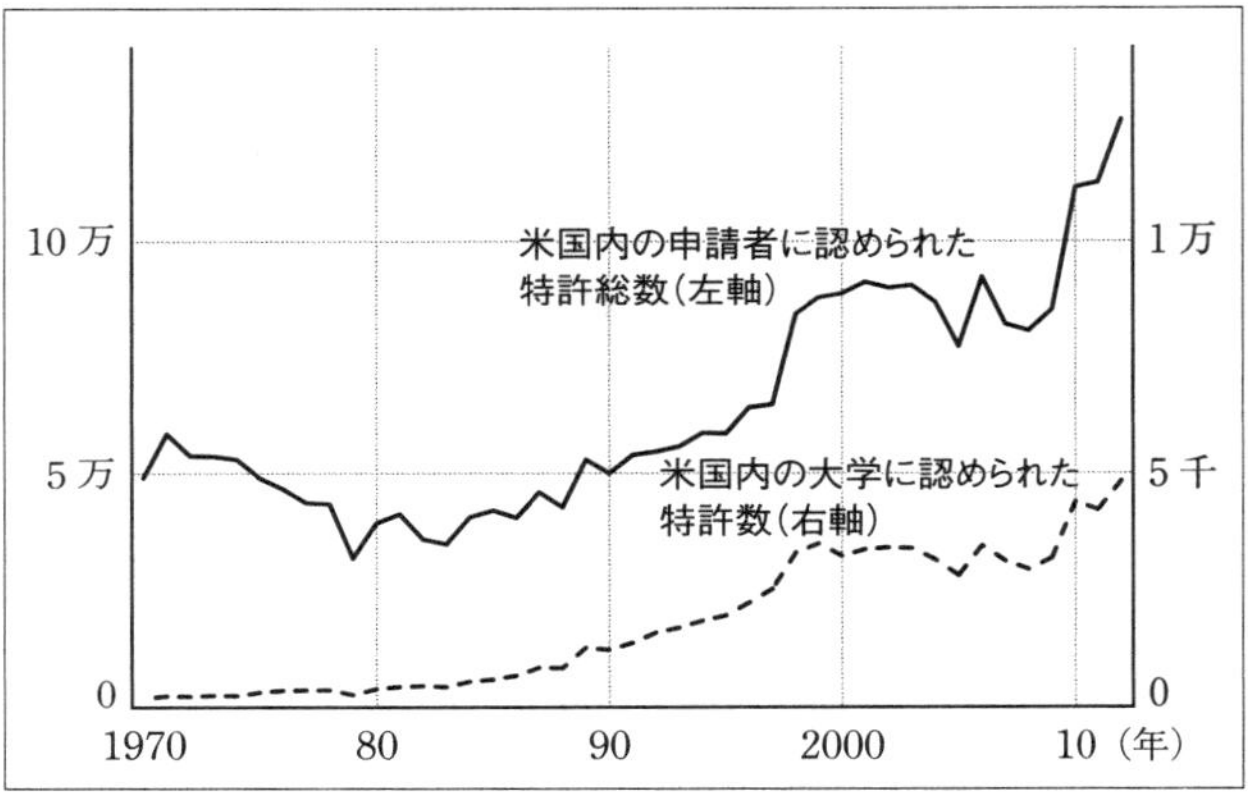

米国内の申請者に認められた特許総数の増加ペース（1980年／3万8832→ 2000年／8万7943）より米国内の大学に認められた特許数の増加ペース（1980年／394→ 2000年／3177）のほうが速い

から九〇年代にかけて米国で大学に認められた特許の件数は大きく伸びている（3―2を参照）。

　バイ・ドール法は、大学や研究者に特許所有のインセンティブを与えるとともに、それまで連邦政府に死蔵されがちだった特許の成果を企業が活用しやすくした。各大学は、特許の申請作業や民間企業などへのライセンス供与の手続きを担当する組織（ＴＬＯ：Technology Licensing Office）を設置して成果の民間企業への移転を進めた。その結果、大学はライセンス料収入を得ることができたし、企業側も産学連携に積極的な姿勢をとるようになり、企業が大学に投じる共同研究費も増えていくこととなった。

ただし、バイ・ドール法が果たした役割を歴史的文脈から切り離して過大評価すべきではない。大学からの特許申請は当時すでに増加傾向にあった。バイ・ドール法は米国の産業競争力強化のための一施策だったのであり、一九七〇年代から八〇年代にかけての米国で科学技術の経済的価値が重視されていった流れのなかに位置づけて理解すべきである。

バイオテクノロジーへの期待

この時期の米国は、あらゆる分野で産学連携を促し、経済的価値を創り出していくことをめざした。なかでも特に期待されたのがバイオテクノロジーである。一九七三年にハーバート・ボイヤーとスタンリー・コーエンらが遺伝子組み換え技術を初めて実証してから数年で、その大きな経済的可能性が明らかになってきた。

ボイヤーは一九七六年に世界初のバイオベンチャー企業ジェネンテック社を設立すると、ほどなくバイオテクノロジーの大きな商業的可能性を拓くブレークスルーを達成する。ジェネンテック社が中心となって、遺伝子組み換え技術の応用によりインシュリン

3-3　遺伝子組み換え技術によるインシュリン生産

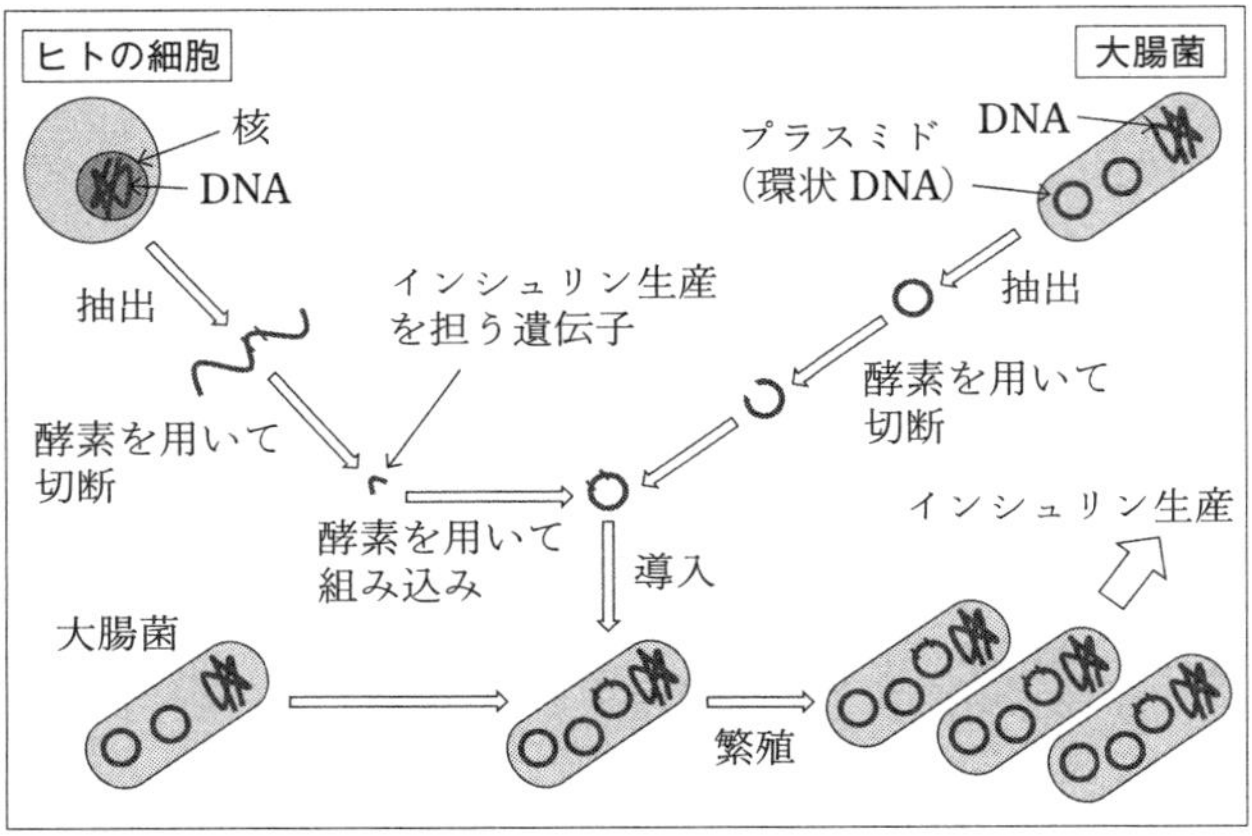

の大量生産を可能にしたのである。

糖尿病の治療に必要なホルモンであるインシュリンは、それまでブタやウシの膵臓《すいぞう》から抽出されてきたが、副作用が大きく、また十分な量の確保が難しかった。ボイヤーらは、人工合成したDNAを大腸菌に組み込み、その大腸菌を増殖させることでヒトのインシュリンを精製することを考え、一九七八年それに成功する（3―3を参照）。この遺伝子組み換え技術によるインシュリンは一九八二年に食品医薬品局（FDA）により承認され、翌八三年には販売が始まった。

こうして遺伝子組み換え医薬品は短期間で実用化の領域に入ったが、その間に遺伝子組み換え研究の規制も議論されている。国立衛生研究所は、第2章で触れた一九七五年のアシロマ会議での議論を踏まえ、翌七六年にかなり厳しい指針を定めた。ただ、その後遺伝子組み換え実験のリスクの程度が科学的に明らかになってくると、それを緩和していく。

議会では一九七七年、国立衛生研究所による指針に加え、法規制をすべきとの主張が一時強まった。だが、この年の一一月にボイヤーらがインシュリンに先立ってソマトスタチンという比較的単純な構造のホルモンの精製に成功したことを契機に、法規制の機運は急速にしぼむ。遺伝子組み換え技術の大きな経済的ポテンシャルが明確になり、米国の産業競争力回復の切り札となる可能性が出てきたため、規制に反対する声が強まったのである。

バイオテクノロジーへの期待が膨らむなか、ジェネンテック社は重要な遺伝子組み換え医薬品をさらに次々と生み出していった。一九七八年創業のバイオジェン社や八〇年創業のアムジェン社も大学と密接に連携しながら成果を出し、世界的企業へと成長していく。

大学の財政難と価値観の変化

科学技術の経済的価値を重視する流れは、伝統的に基礎研究を重視してきた大学にも及んだ。その背景には、米国の多くの大学の財政難があった。

連邦政府から大学に支出される研究資金はスプートニク・ショック後に急増したが、一九六〇年代末以降はベトナム戦争やニクソン政権による科学技術政策の方針転換により停滞する。これは、当時大学側でも軍事研究に対する拒否反応があり、国防総省からの資金受け入れが減少したためでもあった。

一九八〇年代には次第にもち直すが、インフレなどの影響で必要な研究経費も膨らんだため、大学は民間企業からの資金受け入れを拡大し、寄付の募集にも力を入れる。民間企業の側も当時は内外での競争の激化などにより基礎研究に投資する体力が削がれており、大学への期待が強まっていた（3―4を参照）。

民間企業からの資金受け入れ拡大は、米国の大学の研究力の補強に役立ったが、一方で大学の伝統的な価値観を揺るがした。

たとえば、民間企業から研究費を受けて大学の研究者が成果を挙げたとき、その公開を控える、または遅らせるように企業側から求められる場合がある。このような秘匿主

3-4　米国の大学で行われる研究開発の資金源の推移

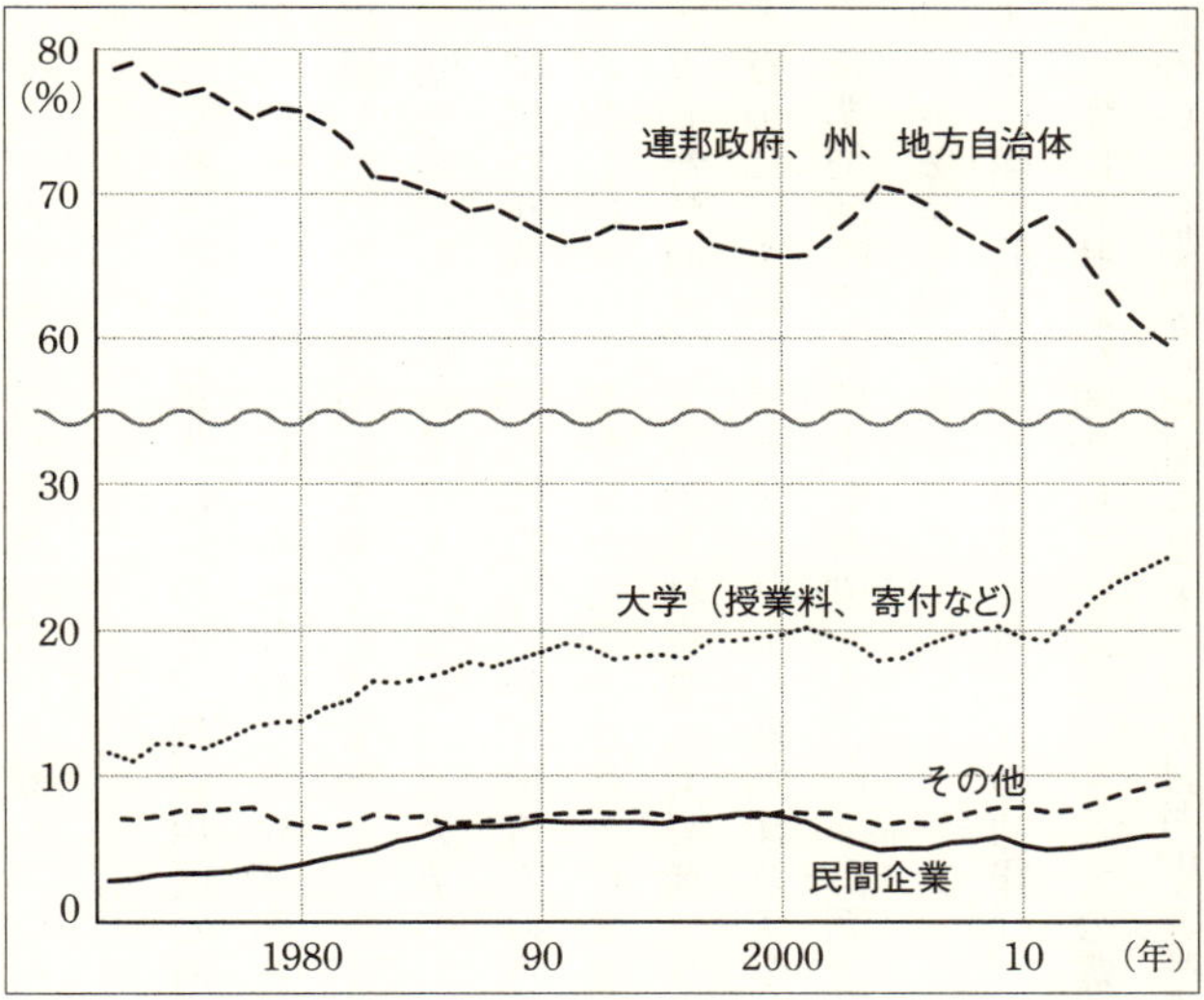

義は、企業の側に立てばライバル企業との関係を考えたときに当然ではあるが、研究者にとっては不利益になるし、科学の進歩を妨げかねない。

また、たとえば製薬企業から資金を受けて大学の研究者が臨床研究をすると、意識的にせよそうでないにせよ企業側に有利な報告が行われる傾向がある。つまり研究の中立性が保たれない、あるいは社会から疑念をもたれかねない状況に陥りがちである。このように研究の本来あるべき姿が研究者の個人的な利益と反してしまう、いわゆる利益相反の問題も、大学や科学への社会的信頼を危うくする。大学研究者が企業の役員を兼ねていたり、株式を保有している場合にも利益相反が生じる。

このため一九九〇年代になると、利益相反の情報開示を義務づけるなどの指針が定められていく。あくまで自己申告なので限界はあるが、利益相反を根絶することは現実的には難しいので、透明性を高くして管理していくべきという考え方がとられた。

民間企業からの資金受け入れ拡大は、大学の「商業化」ももたらした。経済的価値を生む研究が重視されがちになり、科学研究が研究者の学問的関心だけでなく外部からの商業的関心によって駆動される割合が徐々に高まってきたのである。

こうした傾向は、大学の人材育成にも影響を与える。連邦政府の資金ではなく民間企業の資金による研究プロジェクトに参加する大学院生が増えていったからである。これは、企業で活躍する博士を育成するといった面ではメリットもあったが、研究の自由度が狭くなる面もあった。

大学に商業的な影響が波及することの功罪は、議会でも議論されている。一九八一年と八二年に公聴会が開かれているが、そこでの雰囲気は「卵を割らなければオムレツは作れない」（何らかの犠牲を払わなければ目的を達することはできない）というものだった

3-5　米国の科学技術全分野の学位授与数の推移

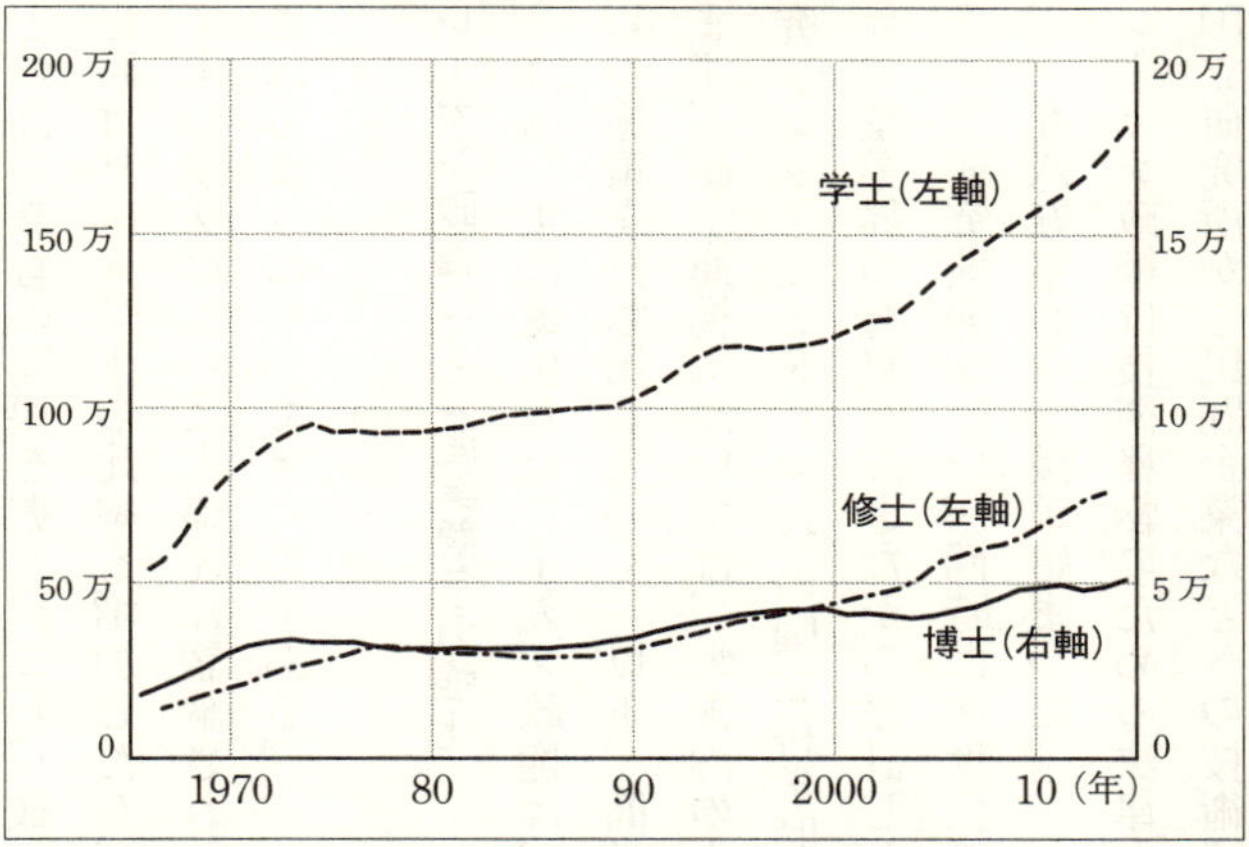

学士、修士、博士とも1970年代半ばから1990年代半ばまで明らかに停滞傾向がみられる。学士・修士と博士では縦軸の単位が異なることに留意

とされる。それだけ大学が産業競争力強化に貢献することへの期待は強かった。

ところで当時、米国の大学の人材育成全般は深刻な課題に直面していた。一九七〇年代半ば以降、科学技術分野の学位取得者の数はしばらく停滞している（3—5を参照）。これは、米国の一八歳人口が一九八〇年の四二五万人から一九九四年には三三八万人となり、その後上昇するという推移をたどったことと関連しているが、連邦政府による資金引き締めの影響もあった。

こうした悪条件のなか、米国の大学は女性やマイノリティ、そして社会人などの高等教育の需要を掘り起こし、厳しい状況を乗り越えていく。

当時は外国人学生の比率も増加したが、そのことが米国の産業競争力や安全保障に対してもつ意味についても盛んに議論された。大学教育についても産業競争力の観点が重視されるようになってきたのである。

レーガン政権による産業競争力強化

一九八一年に誕生したレーガン政権は、カーター政権に引き続いて産業競争力強化のための施策を打ち出していく。以下、簡単に紹介する。

まず、産学連携については、米国内の大学が産業界と連携して学内に設置する「工学研究センター（ERC）」への国立科学財団による支援が挙げられる。国立科学財団が学界や産業界の意見を聞きながら設計したこの制度は、産業界のニーズを意識した分野融合的な研究開発を行い、同時に次世代の人材育成機能も担うセンターを創設するもので、一九八五年から支援が始まった。

レーガン政権は技術移転のための法律も強化した。スティーブンソン・ワイドラー法は国立研究所から民間企業などへの技術移転について定めていたが、一九八六年に制定された連邦技術移転法は、国立研究所と民間企業が共同研究開発契約（CRADA）制度の下、より踏み込んだ連携をすることを可能にした。国立研究所の研究者が企業に協力し、施設や機器も企業に使わせるなど、円滑な技術移転が可能な仕組みができあがった。

カーター政権の産業イノベーション構想のなかで提唱されていた反トラスト法の緩和も、レーガン政権期の国家共同研究法の制定（一九八四年）により実を結ぶ。当時、日本の企業は通商産業省の主導の下、半導体などの「技術研究組合」を作って共同研究開発を進めていたが、米国企業は同様のことをすれば反トラスト法に抵触する恐れがあった。こうした不利な法的環境の解消を図ったのがこの法律であった。

共和党のレーガンは民主党のカーターとは違い、小さな政府を強く志向したが、結果的にはレーガン政権の政策は基本的にはカーター政権の政策を延長したものとなった。

特許重視政策とヤング・レポート

レーガン政権は一貫してプロパテント政策、すなわち特許重視政策をとった。これもカーター政権の方向性の延長線上に位置づけられる。特許による技術移転を促すためのバイ・ドール法などの一連の施策については前述したが、それに加えて従来よりも特許が容易に認められやすくなり、また特許の対象範囲が広げられていく。

たとえば、遺伝子操作をした生物体には従来特許は認められなかったが、一九八〇年に連邦最高裁判所が原油を分解する人工微生物についてGE社の研究者アナンダ・チャクラバティに特許を認めたのを皮切りに、特許の対象範囲が拡大していく。一方、コンピュータのソフトウェアについては一九八〇年、特許とは別の知的財産権である著作権によって保護するための法改正が行われた。

プロパテント政策のもう一つの重要な柱としては、特許侵害に対する厳しい姿勢があった。一九八二年に知的財産に関する上級審を担う連邦巡回控訴裁判所が設置されたことをきっかけに、後述するように米国企業の特許を日本企業などが少しでも侵害すると莫大な賠償金の支払いを命じられるようになる。しかも、特許法やそれまでの判例に照らし合わせてみて特許侵害とは到底考えられない場合でも、特許侵害であると認定されるケースが増えてきた。

一九八〇年代の米国によるプロパテントの姿勢は、「産業競争力に関する大統領諮問委員会」（委員長：ヒューレット・パッカード社ジョン・ヤング社長）が一九八五年にレーガン大統領に提出した報告書「グローバル競争―新しい現実」に表れている。

通称ヤング・レポートと呼ばれるこの報告書は、「国民の実質賃金を維持ないし向上しつつ国際市場でより多くの財やサービスを販売できること」を競争力と定義したうえで、米国の競争力低下を明確に認めている。その対策として、科学技術・資本・人材育成・通商の面から勧告を行っているが、科学技術の観点からは特に特許権を含む知的財産権の保護強化を強く打ち出した。

共和党のレーガンは連邦政府が産業界に介入することを好まなかったので、ヤング・レポートの具体的提案の実現に必ずしも積極的には動かなかった。たとえば、通商政策や科学技術政策を強化するために貿易省や科学技術省を設置するという提案は実現していない。

だがレーガンは知的財産権の保護を特に重視し、一九八七年にはヤング・レポートの内容と同じ方向性の「競争力イニシアチブ」を公表している。ヤング・レポートが示した戦略はさらに、レーガン政権を超えてその後長期間にわたり米国の産業政策及び通商政策に大きな影響を与えていく。

対日戦略――経済制裁、特許訴訟、基礎研究ただ乗り論

レーガンは産業競争力強化のため、国内の制度改革を進めるだけでなく、競争相手国に圧力を加えた。米国の圧倒的な政治力・外交力を背景に、日本などに対して強引な保護主義的措置をとったのである。

米国は一九七〇年代まで繊維、鉄鋼、カラーテレビ、自動車などで日本との貿易摩擦を抱えてきたが、一九八〇年代には半導体など先端技術に摩擦が波及した。一九八四年には半導体チップ保護法を制定し、日本企業による半導体回路図面のコピーを取り締まる。ほどなくインテル社、モトローラ社、テキサスインスツルメンツ社などが日本企業に知的財産権侵害の訴訟を起こし、ダンピング提訴も相次いだ。連邦政府がダンピング調査を始め、強硬姿勢をみせたため、日本は半導体協議に応じることとなる。

その結果、一九八六年に締結された日米半導体協定では日本市場へのアクセス拡大やダンピング防止のための措置が盛り込まれた。さらに翌年レーガン政権は、協定が遵守されていないとして日本の電子工業製品に一〇〇%の関税を課す経済制裁を発動する。

一九八六年には富士通が米国の半導体の名門フェアチャイルド社（当時は油田探査を行うシュルンベルジュ社の、現在は半導体製造オン・セミコンダクター社の傘下）を買収し

ようとして、国防総省の強い反対により断念している。米国は安全保障面でも日本の半導体を警戒していたのである。一九八七年には米国の半導体主要メーカーが半導体製造技術の開発を目的としたセマテックという名のコンソーシアム（共同事業体）を設立するが、その運営予算の半分は国防総省が負担した。

プロパテント政策の下、半導体以外でも米国企業は日本企業に容赦ない攻勢をしかけた。住友電気工業は一九八四年、コーニング社に光ファイバーの特許侵害で提訴され、八九年に敗訴が確定、二五〇〇万ドルを支払って和解したうえで米国市場から撤退している。一眼レフカメラに使われるオートフォーカス装置関連の特許侵害で一九八七年にハネウェル社に訴えられたミノルタ（現コニカミノルタ）は一九九二年に和解し、一億二七五〇万ドルもの支払いを余儀なくされた。ハネウェル社はキヤノン、ニコン、オリンパスなどからもそれぞれ数千万ドルの和解金の支払いを受けている。

米国はマクロな通商政策でも、一九八五年にはプラザ合意により為替水準の是正に動き、日本市場開放の交渉を分野ごとに行うＭＯＳＳ（Market-Oriented Sector Selective）協議も開始した。一九八八年には、不公正な取引慣行のある他国に容易に制裁を発動できる「スーパー三〇一条」を含む包括通商競争力法を制定するなど、強力な措置を立て

3-6　日米摩擦のピーク時の日米首脳会談（1985年1月2日）　ロナルド・レーガン大統領と中曽根康弘首相は個人的に親しい関係を築いたが、米国は日本に対して圧力を継続的に強めた。この年の８月に第１回日米半導体協議が行われ、９月にプラザ合意にいたる。ロサンゼルスのセンチュリープラザホテル

続けにとった。この流れは一九八九年以降のジョージ・ブッシュ政権でも日米構造協議として引き継がれていく。

科学技術政策の分野ではどうだったか。一九八〇年に初めて結ばれた日米科学技術協力協定は一九八九年に改訂となるが、その際の交渉は米国が日本に厳しい要求を突きつける場となった。

この交渉で米国は、日本が米国によって蓄積されてきた豊富な基礎研究の成果に「ただ乗り」して実用化の技術開発に集中していると批判、日本も基礎研究に貢献し、その成果を米国からアクセス可能にすることを求めた。すなわち、日本が米国人研究者などを受け入れたり資料を英語に翻訳したりすることで、両国の科学技術分野の情報流通や人材交流の不均衡を是正していくことを要求したのである。

一九九〇年代の日本の科学技術政策はこの影響を受けて基礎研究重視の方向に転換することになる。一方、次章でみるように米国では冷戦終結後、軍事科学技術が縮小するのと並行して、民生部門のイノベーションが重視されその競争力が高まっていく。

競争力強化戦略のグローバル化

一九八〇年代、米国の産業競争力強化の取り組みのなかでプロパテント政策は大きな位置を占めていた。それは、米国の強みである研究開発力とその成果の蓄積を活かすことを考えれば当然の戦略だった。だが、その戦略の徹底のためには、米国内での知的財産権の保護強化だけでは不十分であった。他国で米国企業がもつ特許が侵害されるのを防ぐ必要があったからである。実際に米国は日本などで大規模な特許侵害訴訟を起こしている。だが、そもそも当時は有効な知的財産権制度が存在しない国や、運用が緩い国もあった。

そこで、知的財産権保護の国際的な仕組み作りが米国にとって重要な命題となった。ヤング・レポートも、知的財産権の侵害による米国の損害を問題視し、新興国を含む各国に一層の知的財産権保護を求めるべきとしている。

一九八八年の包括通商競争力法のなかには、知的財産権の保護に問題がある国との協議及び制裁について規定した「スペシャル三〇一条」が設けられた。この規定に基づく交渉により、多くの国が実際に知的財産権制度を整備・改革することになる。

このような二国間での解決手法は、「スーパー三〇一条」と同様、米国の一方的措置であるとしてしばしば各国から批判されたが、米国は並行してGATT（関税と貿易に関する一般協定）の場で多国間交渉も行っていた。途上国の影響力の強い国連機関であるWIPO（世界知的所有権機関）ではなく、先進国が主導権を握れるGATTを議論の場として選んだ米国は、日本や欧州とともに一九八六年のGATTウルグアイラウンドでこの問題を提起する。

GATTでも途上国の反発のため交渉は難航したが一九九四年に妥結、TRIPS協定（知的所有権の貿易関連の側面に関する協定）が合意される。GATTが一九九五年にWTO（世界貿易機関）へと移行するのにあわせてTRIPS協定も発効し、WTOに参加するすべての国は一定の基準を満たした知的財産権制度を整備・運用することを義務づけられた。

こうして、知的財産権の国際的保護体制の構築は、新しい世界的な自由貿易体制の確立と絡められて一気に進んだ。科学技術の経済的側面が重要性を増した一九八〇年代、米国がグローバル化に対応して作り出した基本的ルールが、その後のさらなるグローバル化の基盤となっていく。

第4章

グローバル化とネットワーク化
――冷戦終結後

冷戦終結がもたらした地殻変動

一九八九年のベルリンの壁崩壊、九一年のソ連解体を経て東西冷戦構造が崩れ去るとグローバル化の流れは一段と加速する。それにより米国の科学技術にも大きな地殻変動が起きた。

第一に、軍事科学技術が予算削減に直面し、米国そして世界の科学技術の牽引役としての力を弱めた。軍事部門の研究所や研究者は民生部門へと進出し、米国の軍産複合体の体制は縮小して、いわゆる軍民転換の流れが進む。

第二に、民生部門の科学技術、特に信頼性とコストパフォーマンスに優れた民間市場向けのエレクトロニクス関連技術が軍事部門に積極的に取り入れられるようになった。軍事用と民生用の垣根を低くするデュアルユース推進政策も確立していく。

第三に、各国が科学技術力を急速に伸ばすなか、米国の企業や研究者が国際的な協業体制を築くことが容易になった。インターネットも普及してボーダーレスな協業ネットワークが広がり、科学技術はオープンな環境のなかで進化し始める。

第四に、科学技術自体もネットワーク的な性質を強めた。垂直統合型のシステムではなく、モジュールを最適に組み合わせた水平分散型システムの優位性が拡大していく。

モジュール間の整合性を確保するため、国際標準化の動きも加速した。

こうして冷戦終結は現代科学技術史の転換点となったが、その兆候はすでに冷戦終結前からあった。最も象徴的だったのは、一九八六年に起きたスペースシャトル・チャレンジャー号事故などに表れた、巨大技術システムの行き詰まりである。

チャレンジャー号事故

一九八〇年代前半は、巨大科学技術が勢いをとり戻し、新たな展開をみせるかにも思われた時期であった。一九八一年にはスペースシャトルの初打上げが成功、八三年にはレーガン大統領がソ連からの弾道ミサイルを迎撃する戦略防衛構想（ＳＤＩ）の開始を国防総省に指示している。レーガンは翌年にはＮＡＳＡに宇宙ステーション計画の開始も命じた。第３章で述べたようにレーガンは米国の産業競争力強化を重視したが、同時に軍事予算を大幅に伸ばし、国家威信につながる大型宇宙計画も推し進めた。

だが、これらの計画はいずれも苦難の道をたどることになる。当時の技術水準の未熟さが根本的な要因だが、それ以外の理由もあった。まずスペースシャトルの経緯をみてみよう。

4-1　スペースシャトルの初打上げ（1981年4月12日）

スペースシャトル計画は当初から恒常的な予算不足に悩まされ、期待通りに進まなかった。NASAは当初、スペースシャトルを年間二五回程度飛行させて宇宙空間への「ルーティン・アクセス」を実現する、と議会や財政当局に説明していた。だが実際にはそれは難しく、打上げ開始五年目の一九八五年になってようやく九回打上げの実績を残すのが精一杯だった。

そして一九八六年一月二八日、スペースシャトル二五回目の飛行に臨んだチャレンジャー号は打上げ七三秒後に空中分解し、七名の宇宙飛行士全員を喪う事故に見舞われる。この事故は米国全体に計り知れない衝撃を与えた。

事故の直接的原因は、打上げ直後の機体の加速を担う固体ロケットブースターのなかのOリングと呼ばれる部品がうまく機能しなかったことだった。打上げ時の気温が例外的に低かったためにこのゴム製の部品の弾力性が失われ、燃焼ガスが漏れて機体が損傷したのである。

だが、この事故の構造的な原因はNASAと契約メーカーの組織的な病理にあった。実はOリングの問題点はすでに一九七七年の時点で把握されていたのだが、組織内の意思疎通に難があり、NASA上層部に十分伝えられていなかったのである。また、チャレンジャー号の打上げ前夜、NASAと契約メーカーとの協議のなかで、翌朝の低温予想に技術者が深刻な懸念を示していたにもかかわらず、打上げが強行されていた。

NASAと契約メーカーに、不都合な情報に目をつぶる組織文化が根づいていたのである。かつてアポロ計画で世界を驚嘆させた巨大技術組織NASAは、この頃には政治的・財政的圧力の下で疲弊していた。

なお、チャレンジャー号事故から約三ヵ月後の一九八六年四月二六日、ソ連ではチェルノブイリ原子力発電所事故が発生している。最終的に数千名とも数万名ともいわれる

4-2　チェルノブイリ原子力発電所事故

犠牲者を出したこの史上最悪の原子力発電所事故も、冷戦型科学技術の凋落を象徴していた。

チェルノブイリ原発事故の原因は、ソ連独自の原子炉設計の基本的な欠陥など技術的な面が大きかったが、運転員への不十分な教育、現場の管理者が独断で重要な判断を下す体制など、組織的な原因もあった。

また、建設段階で、予算とスケジュールの制約から突貫工事が行われたために構造が脆弱で、被害が広がったとされる。チェルノブイリ原発事故の背景には、チャレンジャー号事故と共通する組織面・財政面の要因があったのである。

巨大科学技術の限界――SDI、宇宙ステーション、SSC

次に、レーガン政権が始めた巨大科学技術プロジェクトであるSDI、宇宙ステーション計画、超伝導超大型粒子加速器（SSC）計画についてみてみよう。これらはいずれも計画途中で中止または大幅な変更を余儀なくされる。

SDIは「スターウォーズ計画」とも呼ばれ、地球周回軌道上に多数の衛星を配置してソ連から飛来する弾道ミサイルを探知・追尾し、レーザーや迎撃ミサイルで撃墜する構想である。米国まで数十分で飛来する超高速の弾道ミサイルの撃墜は、当時の技術水準ではかなり困難であり、レーガン政権もそれを認識していた。しかしレーガンは米ソの核の均衡の打破をねらい、一九八三年にこの構想の発表に踏み切る。

米国は日本を含む同盟国にSDIへの参加を呼びかけ、研究開発に着手した。だが開発予算が膨張し、さらに多数の衛星の配備を担うはずだったスペースシャトルがチャレンジャー号事故を起こしたこともあって、実現の見通しが立たなくなる。

結局、冷戦終結に向けた緊張緩和が進むなかで、SDIは次第にその存在意義を失っていく。レーガンに代わって一九八九年に大統領に就任したブッシュはSDIの大幅な縮小を決め、九三年からのクリントン政権以降ではより現実的な計画が模索される。

一九八四年に米欧日加の国際協力で始まった宇宙ステーション計画も同様のコースをたどった。度重なる予算削減で計画は縮小に縮小を重ね、SDIと同様チャレンジャー号事故の影響もあって計画は難航する。結局、後述するようにクリントン政権になって

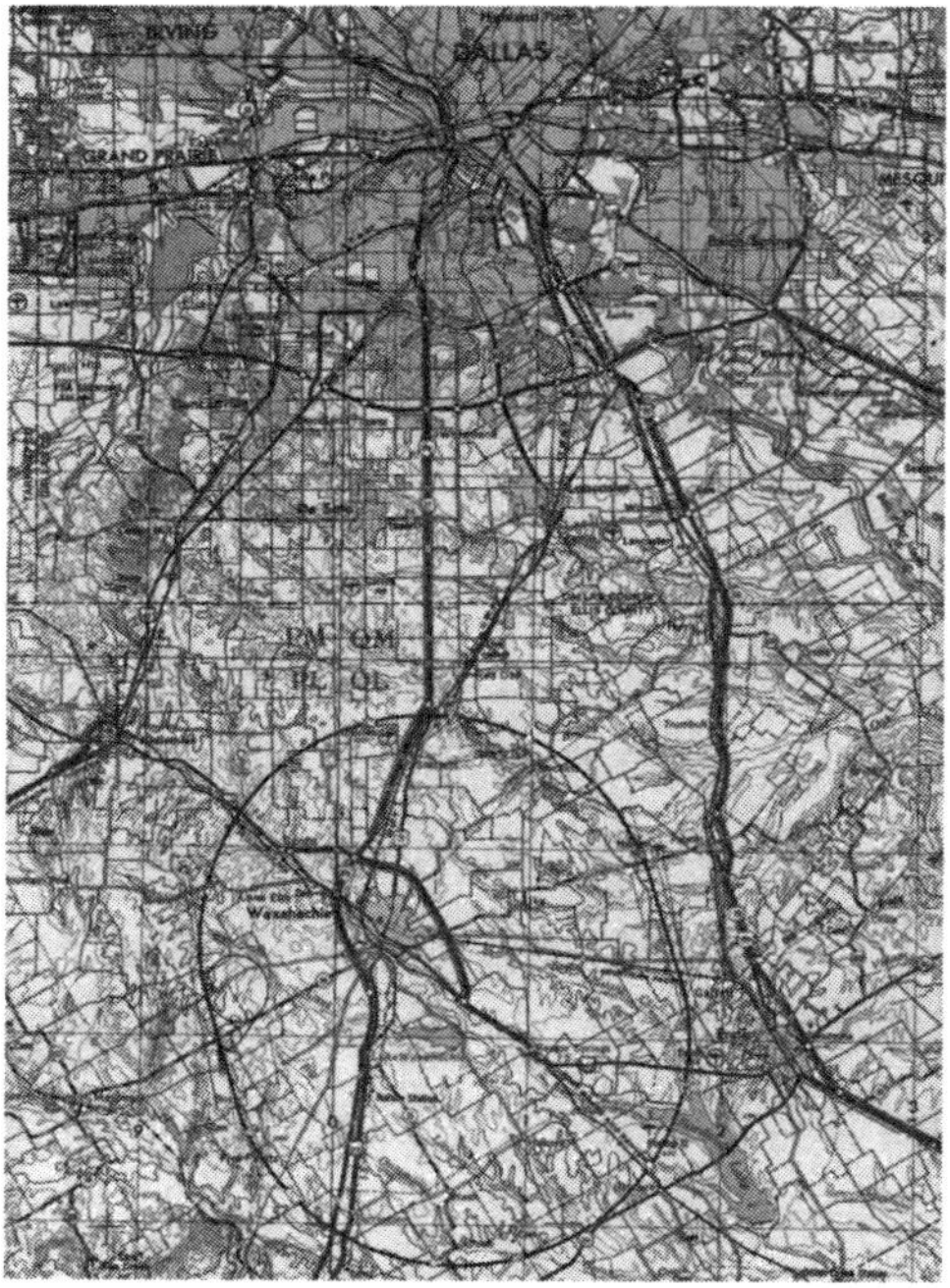

4-3　**超伝導超大型粒子加速器（SSC）計画の建設構想**　図の下部に粒子加速器の建設予定地が、図の上部にはテキサス州ダラスの市街地が示されている

ロシアも加えたまったく新たな国際協力の枠組みでの国際宇宙ステーション計画へと移行することとなった。

国際政治上の意義づけがそれほど強くない超伝導超大型粒子加速器計画は、冷戦終結後間もなく頓挫した。この粒子加速器は、周長八七キロメートルのほぼ円形のトンネルのなかで、二つの粒子を超伝導電磁石で反対方向に加速して衝突させ、そこで発生する新たな粒子を観測するという、素粒子物理学の巨大な実験装置である（4—3を参照）。物理学者の構想に応じてレーガン大統領が一九八七年に資金計画を承認し、本格的に建設が始まった。同種の実験装置はそれまでも各国で造られていたが、米国は最大の粒子加速器を建設してこの分野での競争をリードしようとしたのである。

だが、この超伝導超大型粒子加速器計画もやはり予算額が膨張して行き詰まり、国際協力体制を築こうとしたがそれも難航する。テキサス州の建設地では計画の三割ほどトンネルが掘り進められていたが、結局、一九九三年に計画中止となる。

米国の巨大科学技術は、技術的難度が上がり、必要な資金が供給できなくなってきたことで失速していった。

軍民転換へ

巨大科学技術が行き詰まるなか、一九八〇年代末から冷戦終結が見えてくると、米国の科学技術に大変動が起きる。

米国連邦政府の軍事予算は、一九八九年にGDPの六%だったのが九九年には三・五%まで縮小した。また、軍事部門の研究開発予算はGDPの〇・七%から〇・四%に減少した。一方で同時期の非軍事部門の研究開発予算は、GDPの約〇・四%の水準を維持している。このような急激な予算の変動が米国の科学技術の組織体制の再編を促すこととなった。

その典型は、原子力委員会(AEC)の業務の一部を引き継いで一九七七年に創設されたエネルギー省である。エネルギー省は米国のエネルギー政策と核兵器の開発管理を担っており、全米に散らばる数多くの国立研究所を擁する組織だが、冷戦終結後は核兵器関連の予算を大幅に削減される。一九九一年に米ソ間で調印された第1次戦略兵器削減条約(START)では、両国のそれぞれ一万発以上の戦略核弾頭を六〇〇〇発以下に減らすことになった。

そうしたなかでエネルギー省は、当時注目が高まっていた気候変動や再生可能エネルギーの研究開発に乗り出していく。さらに、人間のDNAのすべての塩基配列の解読をめざす後述のヒトゲノム計画が始まる際にもエネルギー省は主導的な役割を果たした。こうしてエネルギー省は傘下の国立研究所がもつ高度な科学技術の能力を民生分野へと展開していったのである。

民間企業の側も変革を迫られた。軍事部門で雇用されていた技術者・技能者が民生部門へと移り、連邦政府も再訓練プログラムなどを作ってそれを支援した。また、冷戦で肥大化した軍事産業を抜本的に整理するため、国防総省の主導で軍需企業の合併・買収（M&A）が進み、業界全体の集約化・効率化が図られた。

冷戦終結後の米国では、このような組織・人員の軍民転換に加え、軍事目的で開発された技術の民生転用（スピンオフ）も加速する。宇宙開発ではすでに一九六〇年代から気象衛星、通信・放送衛星、地球観測衛星などの民生利用が進んでいたが、一九九〇年代には当初軍事用に開発されたGPS（全地球測位システム）が運用開始とともに民間に開放される。一方、情報通信ではパーソナル・コンピュータ（PC）やインターネットが最大級のスピンオフの事例となった。

クリントン政権によるデュアルユース推進

一九九〇年代には、軍事技術のスピンオフだけでなく、民生用の技術の軍事転用（スピンオン）も増え、さらには軍事・民生の両用を最初から意識した技術開発が進められるようになる。このようなデュアルユースを前提にした国防政策・産業政策を積極的に進めたのが、一九九三年に誕生したビル・クリントン政権である。

一九八〇年代のレーガン政権では、軍事技術と民生技術の間の溝が広がる、いわば軍民分離が進んだ。SDIなどの電子部品やシステムに、きわめて高度かつ特殊な仕様が要求されたからである。そのような軍事用の部品やシステムは高価で、民生転用しづらかった。逆に民生用の部品を軍事用に採用することも当然難しかった。

だが民生分野ではその頃、エレクトロニクスが急激に進化していた。電子部品やシステムの市場が拡大し、各企業は最新技術を取り入れて性能と品質を向上させていた。日本企業の攻勢でエレクトロニクス産業の体力が低下していた面もあったが、激しい競争のなかで技術革新が促進され、民生技術が軍事技術を凌駕するようになる。

こうした民生分野の優良企業は、国防総省と距離を置くようになってきていた。独特の商習慣や規制による煩雑さがあるわりに、急拡大する民生市場に対して軍需市場からの利益がそれほどでもなかったからである。結果的に、国防総省からの契約は一部の軍需企業に集中し、リスクの高い革新的な技術開発よりも既存技術の改良や装飾に費用と労力が注がれるようになって、それが技術の保守化、ないし「バロック化」と呼ばれるようになる。

軍事部門と民生部門の分離が、特にエレクトロニクスの産業基盤に悪影響を及ぼしているという懸念は一九七〇年代後半から国防総省にあった。それに対応するため、カーター政権末期にはVHSIC（超高速集積回路）計画という、軍需と民生部門の企業がともに参加する共同研究開発プロジェクトが立ち上がっている。ただ、冷戦期のレーガン政権下では軍事部門の閉鎖性は強く、このプロジェクトはあまり成功しなかった。

クリントン政権になって、軍事部門と民生部門の垣根を低くするデュアルユース推進政策が明確に示された。一九九四年には国防総省が国防用の納入品に課される厳しい仕様（ミルスペック）の適用を緩和し、スピンオンの容易化を図っている。軍による民生用の部品やシステムの購入を促す政策も打ち出した。

クリントン政権はさらに、一九九五年の「国家安全保障科学技術戦略」で、軍事用と民生用の技術開発を同一の産業基盤で行っていく方針を明らかにした。つまり、軍事部門の予算が限られるなか、相互乗り入れによって効率よく国防力と産業競争力の双方の強化を支える技術能力の確立をめざしたのである。

ところで、科学技術のデュアルユースが進むことは、軍事技術の機密性の確保が難しくなることを意味した。

民生部門では米国企業は他国の企業と自在に連携し、また他国の市場に積極的に進出する。このため、軍事技術と民生技術の区別が曖昧になると、他国に軍事上意味がある技術が流出しやすくなる。ソ連は崩壊したが、一九九一年の湾岸戦争ではイラクの大量破壊兵器が問題になるなど、ボーダーレス化が進む世界にあって機微技術（軍事技術あるいは軍事転用されることにより国家安全保障に影響を与え得る技術）の拡散は管理すべき重大なリスクと考えられた。

このため、冷戦期の対共産圏輸出統制委員会（COCOM）に代わり、一九九六年にワッセナー・アレンジメントという軍事技術及び物資の輸出管理の枠組みが作られている。ただし、それは厳しい輸出規制ではなく、技術・物資の輸出の透明性を確保して対処を図るものだった。デュアルユース化が進んだ技術を厳格に管理することはすでに難しくなっていたのである。

こうして、冷戦終結後の軍事予算の急減によるデュアルユース化は、科学技術全般の秘匿性を弱めた。それは世界各国の科学技術力の急速な向上につながり、米国の企業や研究者は国際的な協力体制を作りやすくなっていく。

ボーダーレス化とインターネットの普及

第3章でみたように、米国では一九八〇年代に産学連携やベンチャー企業の育成、反トラスト法の緩和などが行われた結果、企業、大学、研究所の連携関係が張りめぐらされていったが、冷戦終結後はそのネットワークが国外へと展開する。言い換えれば、研究開発を含むあらゆる企業活動の国際化が進んでいく。

国際化、あるいは国際水平分業化が最も進んだ製品は、一九九〇年代に市場が急拡大したPCである。PCのグローバル市場で競争力をもつためには、品質とコストの両面で最適な部品を世界から調達してそれらを組み合わせることが前提となった。柔軟な部品調達は市場の速い変化に対応するうえでも必須である。

集中的な研究開発を必要とする半導体でも国際連携が進んだ。第3章でも触れたが、米国の主要メーカーは一九八七年、半導体開発コンソーシアム・セマテックを設立して

4-4　人口100人あたりのインターネットユーザー数

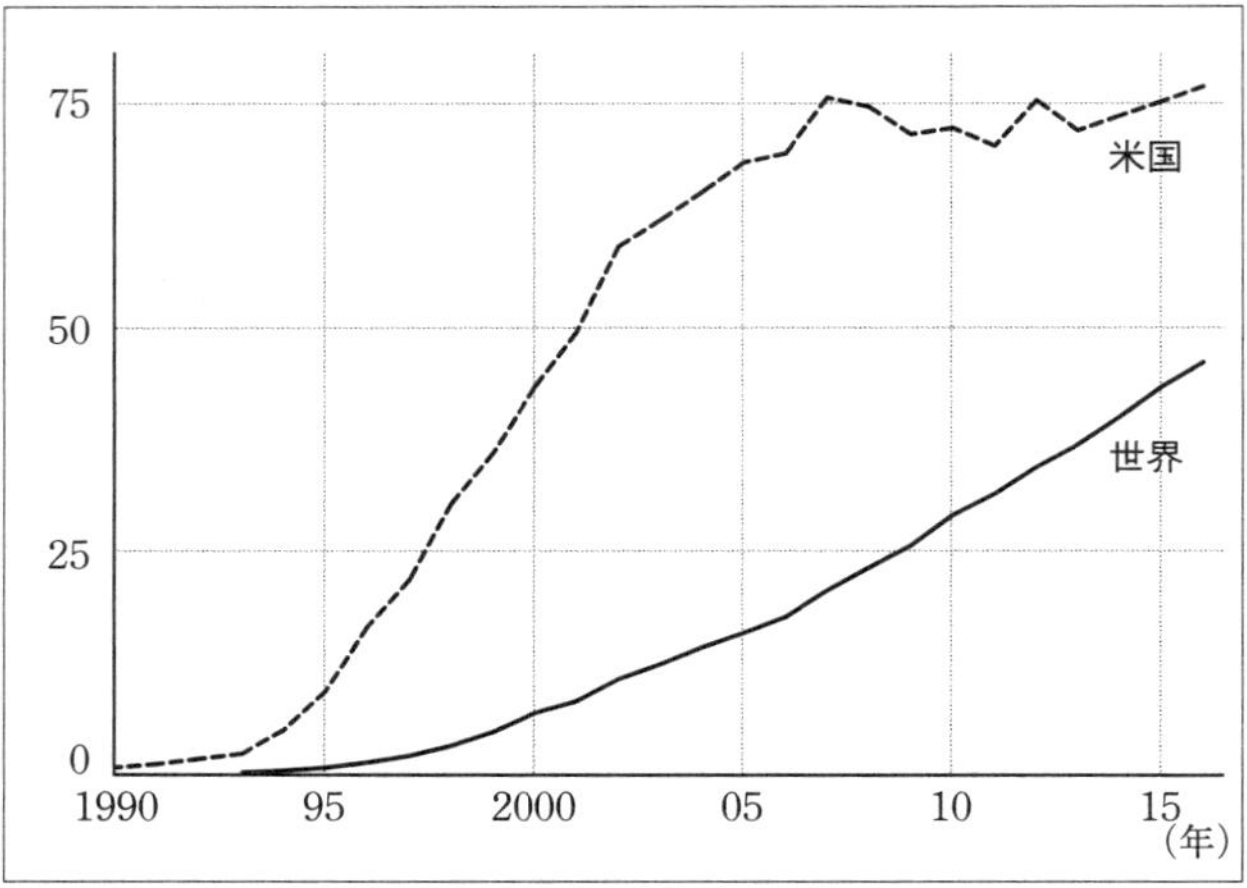

日本に対抗しようとした。だがそれらのメーカーはライバルであるはずの日本企業との協力関係も深めている。たとえば、一九八八年にはモトローラ社が東芝と合弁企業での共同生産を、インテル社も松下電子工業と共同開発を始めた。国内だけでなく国際的なネットワークを築き、各社の強みを組み合わせていかなければ世界市場で勝てなくなっていた。

一九九〇年代に入って、企業の国際協業をさらに促したのがインターネットの普及である。一九九〇年代初頭には米国でも研究者などごく限られた層が使っていたインターネットは、一〇年間で社会に浸透していく（4―4を参照）。

インターネットの急速な普及の前提となったのは、PCの低価格化とマイクロソフト社などによるソフトウェア開発の進展だったが、それに加えてワールド・ワイド・ウェブ（WWW）やブラウザの登場が重要だった。

一九九一年に欧州原子核研究機構（CERN）の技術者ティム・バーナーズ・リーが考案したWWWは、インターネットの使い方を大きく広げた。リーがこの年に公開した世界初のウェブサイトは、ハイパーテキストという仕組みを用いて、あるページから別のページにリンクを張ることができるようになっていた。これにより、インターネット上のさまざまな情報が関連づけられて閲覧できるようになった。

さらに、一九九三年には米国イリノイ大学スーパーコンピュータ応用研究所のマーク・アンドリーセンらがコンピュータの画面上に文字と画像を同時に表せるブラウザ「Mosaic」を公表する。これにより、メディアとしてのインターネットの有用性が飛躍的に高まった。

このように、インターネット技術の革新はネットワークでつながれたさまざまな研究者・技術者らにより成し遂げられていく。インターネットはあらゆる活動の国際水平分業化を促したが、それ自身も水平的なネットワークのなかで進化していったのである。

インターネット上に集積される情報量が増えると、検索技術の向上も重要な課題になった。一九九五年にヤフーが、九八年にグーグルが創業し、短期間で巨大企業へと成長していく。また、一九九五年にはアマゾンがインターネット販売事業を始めるなど、米国を中心に数多くの企業がインターネットに新たなビジネス機会を見出していった。

モジュール化と国際標準化の進行

ポスト冷戦期には、企業や大学で行われる研究開発の国際水平分業化が進むのと並行して、科学技術そのものも分散型・ネットワーク型への移行が進んだ。

先述したように、PCは国際水平分業化が先行した製品分野だった。それは、PCが独立性の高いモジュールを比較的単純に組み合わせることで完成したからである。各モジュールを世界中の企業から調達することで、性能と価格競争力を最大化できた。また技術と市場が短期で変化する時代にあって、ベンチャー企業などによる技術革新の成果を素早く取り入れ、モジュール単位で製品を変更・改良していくことも重要だった。

このような開発生産様式は一九九〇年代以降、他の製品分野にも広がっていく。自動車のような、元来さまざまなサブシステムを有機的・調和的に連携して機能させる製品もそうである。各サブシステムの独立性を高め、それらの間のインターフェースを標準化する動きが進んだ。それにより、異なる車種で交換可能なモジュールとして多くのサブシステムを設計できるようになる。乗り心地や性能の徹底的な追求は難しくなるが、グローバル市場の多様なニーズに柔軟に対応できるメリットは大きい。

さらに、工作機械や半導体製造装置、携帯電話やコピー機など幅広い分野でこのような開発生産様式の変化が進んだ。グローバル化という国際政治の大きな変動と連動して科学技術のモジュール化の流れが進行したのである。

モジュール化を直接後押ししたのが、国際標準化の動きである。一九九五年のWTO設立時、その加盟国に一定の基準を満たした知的財産権制度の整備が義務づけられたことについては第3章で触れたが、このときTBT協定（Agreement on Technical Barriers to Trade）という、国際標準化を進める協定も発効している。この協定により、WTO加盟国は、国内の技術標準を定める際には既存の国際標準を準用することが義務づけられた。

国際標準化の推進は、各国独自の技術標準が貿易の非関税障壁となることを防ぐためのものであり、グローバル化の環境整備という側面があった。一方でそれは科学技術のモジュール化を加速する効果ももっており、分散化・ネットワーク化の流れを後押しする力にもなったということである。

巨大システムのネットワーク化

軍事、原子力、宇宙といった巨大科学技術分野でも一九九〇年代以降、分散化・ネットワーク化の傾向が強まる。

軍事部門では、情報通信技術の導入により戦力をネットワーク化し、効率的な運用をめざすRMA（Revolution in Military Affairs）の動きが進んだ。

米国は一九九一年の湾岸戦争時、精密誘導技術と情報通信技術を駆使したシステムにより圧倒的な軍事能力を示していた。だが、冷戦終結後に軍事予算が削減されるなか、C4I（Command, Control, Communication, Computer, Intelligence）システムにより米軍全体の連携を緊密化させ、さらなる戦力の効率的運用を追求する。軍隊の規模ではなく、技術面・情報面での優位をベースに、意思決定の適時性と精度を向上させ、分散的に配置された戦力を機動的に組織することをめざした。「ネットワーク中心の戦い（NCW：Network-Centric Warfare）」というRMAの中心的なコンセプトが生まれている。

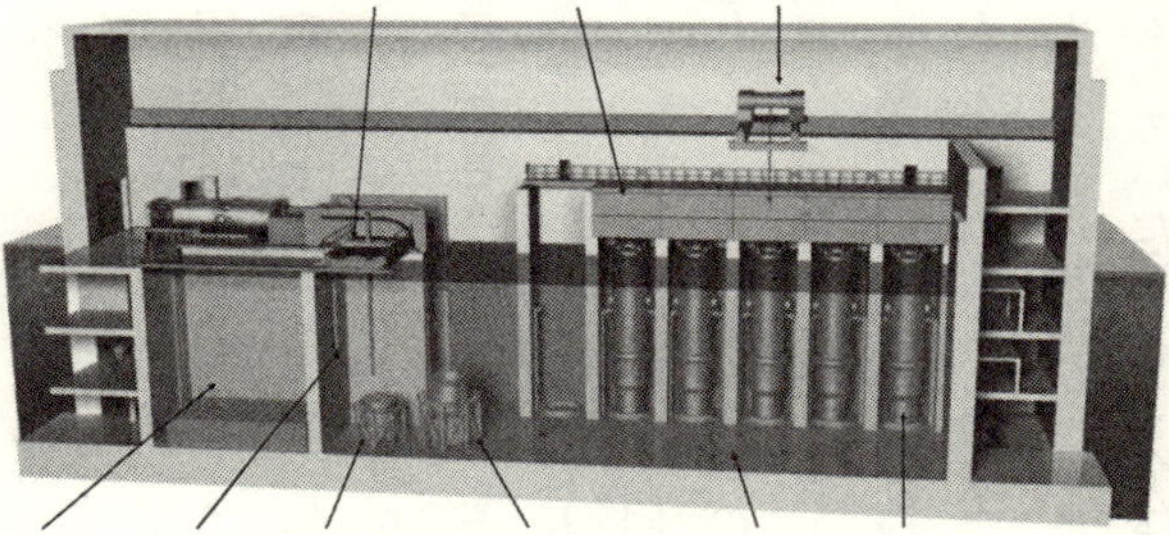

4-5　**小型モジュラー炉**　米国 NuScale 社が2020年代後半の商業運転開始をめざす小型モジュラー炉。1基約5 kw と低出力の原子炉（パワーモジュール）を最大12基設置できる。1基の大きさは約23×4.5m

原子力は、集権型システムから分散型システムへの移行が難しい分野である。それは安全性や核拡散防止の観点から、人員・物資・情報の厳しい管理が求められるためである。より柔軟性をもたらす小型原子炉の研究開発も長年行われてきたが、なかなか実用化には至らなかった。だが二〇一〇年代に入り、小型モジュラー炉（SMR：Small Modular Reactor）が注目されるようになる。

小型モジュラー炉は、原子力発電所の構成要素をモジュール化し、各モジュールを工場生産して現地に輸送し組み立てるもので、小規模・簡素な構造をもち安全性にも優れる（4—5を参照）。小型モジュラー炉が今後実現すれば、原子力も分散型のシステムに向かうことになるとも予想される。

宇宙開発におけるシステムの分散化

宇宙開発では、一九九〇年代から分散化の流れがあった。まず無人宇宙探査で、先進的なエレクトロニクスを取り入れて低コスト、短期間で次々と小型の探査機を開発する「Faster, Better, Cheaper」というアプローチが台頭する。従来は大型で複雑な探査機が多機能のミッションを果たしていたが、単純な機能をもつ多数の探査機で、ある程度の失敗リスクを許容しつつ、同様の成果をめざすようになった。これは、見方によっては分散化・ネットワーク化への動きと捉えることができよう。NASAはこのアプローチで火星や小惑星などの探査を進める一方、ガリレオ計画（一九九五年木星到達）やカッシーニ計画（二〇〇四年土星到達）などの大型計画にも取り組んだ。

有人宇宙計画では、国際宇宙ステーション（ISS）は史上最大級の技術システムであるが、それは集権型のシステムというよりもモジュール化されたシステムとしての性格をもっていた。ISS全体としてシステムの最適化や集中的管理が追求されたわけではなく、各国が開発したモジュール間の相互運用性の確保が重視されたからである。

宇宙ステーションの建設計画は、もともと冷戦期に西側陣営の共同プロジェクトとして始まったが、クリントン政権発足後の一九九三年にロシアが新たに参画することになり、大幅な変更が行われてISS計画となった。当時の米国には、ロシアとの外交関係の改善や核軍縮の流れを後押しするとともに、ロシアの技術者の国外流出を抑え、機微技術の拡散を防ぐという思惑があった。

結局、ISSは旧西側諸国だけでなくロシアを含む一五ヵ国の国際共同プロジェクトの成果として、国際社会の連帯の象徴となっていく。二〇一一年にその組み立てが完成するまで、米国はロシアに対して必ずしも主導的な立場にあったとはいえず、他の参加国も主体的に計画に参画してきた。この意味でもISS計画は分散化・ネットワーク化された性格をもっていた。

また、ISS計画は、民間企業の宇宙開発への進出も促した。ISSへの物資の輸送は二〇一〇年代には民間企業への委託により行われるようになり、人員を輸送するための宇宙船の開発も進んだ。また、宇宙旅行ビジネスを手がける企業も出てきている。一方、NASAの役割は次第に月以遠の領域の探査へと比重を移してきている。

国際協力――ITERとヒトゲノム計画

冷戦終結前後に始まった大型の国際共同プロジェクトとしては、ISS計画のほかに国際熱核融合実験炉（イーター、ITER）計画とヒトゲノム計画がある。ただ、この二つの計画は対照的な展開をたどった。

太陽と同様の原理で莫大なエネルギーを生み出す核融合の研究は、第2次世界大戦後間もなく始められ、まず米国が一九五二年に水素爆弾の開発に成功、翌年ソ連も続いた。その後、各国で核融合反応を民生用のエネルギー源として利用する研究が進められる。だが、その実証のためには巨額の費用がかかる大型の実験炉が必要だった。一九七八年から各国の研究者らが協力して炉の設計を始め、一九八五年には米ソ首脳会談で核融合での協力が合意されて、これによりイーター計画がスタートする。

米国のレーガン大統領とソ連のゴルバチョフ書記長が当時、核融合での国際協力に合意したのは、両者の初会合で軍縮や東欧問題といった議題に進展が望めないなか、友好の象徴となるものが必要だったという面がある。ともあれその後イーター計画には両国に日欧も加わり、一九八八年には概念設計が始まる。

4-6　**イーター**　ITER建屋の断面図。中心部の核融合炉を膨大な機器が取り囲んでいる。総部品数は約100万点

しかし冷戦が終結し、本格的な設計が始まる頃になると各国の財政状況が厳しくなってきた。米国は一九九九年、自国の核融合研究計画を優先してイーター計画からの撤退をいったん表明する。その後イーター計画には中国、インド、韓国が加わり参加国数は増えたが、米国は二〇〇三年に復帰後も計画の主導的地位にはない。

二〇〇五年には、フランスのカダラッシュがイーターの建設地に決まった。しかし、計画は遅れに遅れ、試験運転にも至っていない。その理由としては当初の見通しの甘さが挙げられる。特に、参加国が開発・製作した各ユニットの現地での組み立て・据え付け作業の見積りが膨張した。各国はそれぞれ自国の科学技術力の強化をめざしていたため、モジュールの完成品を持ち寄る方式をとったが、モジュール間のインターフェースが複雑で、調整に時間と費用がかかることが明らかになったからである。イーターが今後成功するか、核融合発電が実用化するかの見通しははっきりしない。

一方、一九九〇年に開始されたヒトゲノム計画は当初の予定より二年早く二〇〇三年に完了した。この計画は米国の提唱で、英仏独日中が協力し、人間のゲノム（全遺伝情報）を構成する約三二億の塩基配列を読み取ることを目標としていた。

ヒトゲノム計画の成功は数多くの要因による。まず、総費用が三〇〇〇億円規模と、イーターの二兆円規模と比べて小さかったことが挙げられる。次に、計画を進めていく途中で、塩基配列の読み取りをより低コスト・短時間で可能にする技術の進展があった点が大きい。

ヒトゲノム計画では、各国の研究機関が分担して塩基配列を解読したため、イーター計画のようにインターフェースの調整に膨大な時間をかける必要もなかった。各国の研究機関はそれぞれ技術の進展を適宜取り入れながら、作業を加速させることができた。

もともとヒトゲノム計画を構想したのが科学者であり、国家のレベルだけでなく科学者コミュニティでも国際協力のネットワークが構築・維持されていたことも大きい。計画開始に先立つ一九八八年には、研究者の自主的なイニシアチブにより国際NGOであるヒト遺伝子解析機構（HUGO）が設立されている。

ヒトゲノム計画は国立衛生研究所とエネルギー省の資金で進められたが、一九九八年には民間企業セレラ・ジェノミクス社もヒトゲノムの解読に乗り出した。その投資規模はヒトゲノム計画より一桁小さかったが、ヒトゲノム計画の成果を活用しながら重要な遺伝子についての特許取得をめざす。結局ヒトゲノムの塩基配列については特許は認められないことになるが、最終的にはセレラ社と国際チームの両者が同時に二〇〇三年、ヒトゲノムの解読完了を宣言する。この両者間の競争もヒトゲノム計画の加速をもたらした。

このように、ポスト冷戦期の世界では、科学技術のネットワーク化が進行するとともに、国際協力を前提としたプロジェクトが増えていく。

第5章

リスク・社会・エビデンス

——財政再建とデータ志向

財政再建という課題——費用対効果の重視へ

冷戦終結後の世界では、民生部門の科学技術の比重が高まり、科学技術と社会との距離が一段と近づいた。その結果、科学技術の社会での活用やリスクへの対応のあり方がますます問われるようになっていく。ポスト冷戦期、科学技術は社会にどのように組み込まれていったのだろうか。

第2章で触れたように、化学物質や原子力発電所などのリスクはすでに一九七〇年頃から盛んに議論されていた。そして、本章でみていくようにリスクを定量的に評価する科学的手法が着実に精緻化されてきた。一九九〇年代からは、科学的な分析や客観的なデータだけでなく、社会との関係のなかでリスクが捉えられるようになる。

一九九〇年代には、リスク対応だけでなく政府の政策全般をエビデンス（客観的根拠）に基づいて策定しようとする動きも出てきた。特に教育や医療などの分野で、実際の教育効果のデータや医療の費用対効果のデータなどを根拠にして政策を作っていこうとする動きが広がる。

そこには、教育理論や基礎医学のような学術的知見をベースにした専門家の判断よりも、より直接的でわかりやすい実証的データを重視すべきという考え方があった。それ

5-1　米国の経常収支と財政収支（対GDP比）の推移

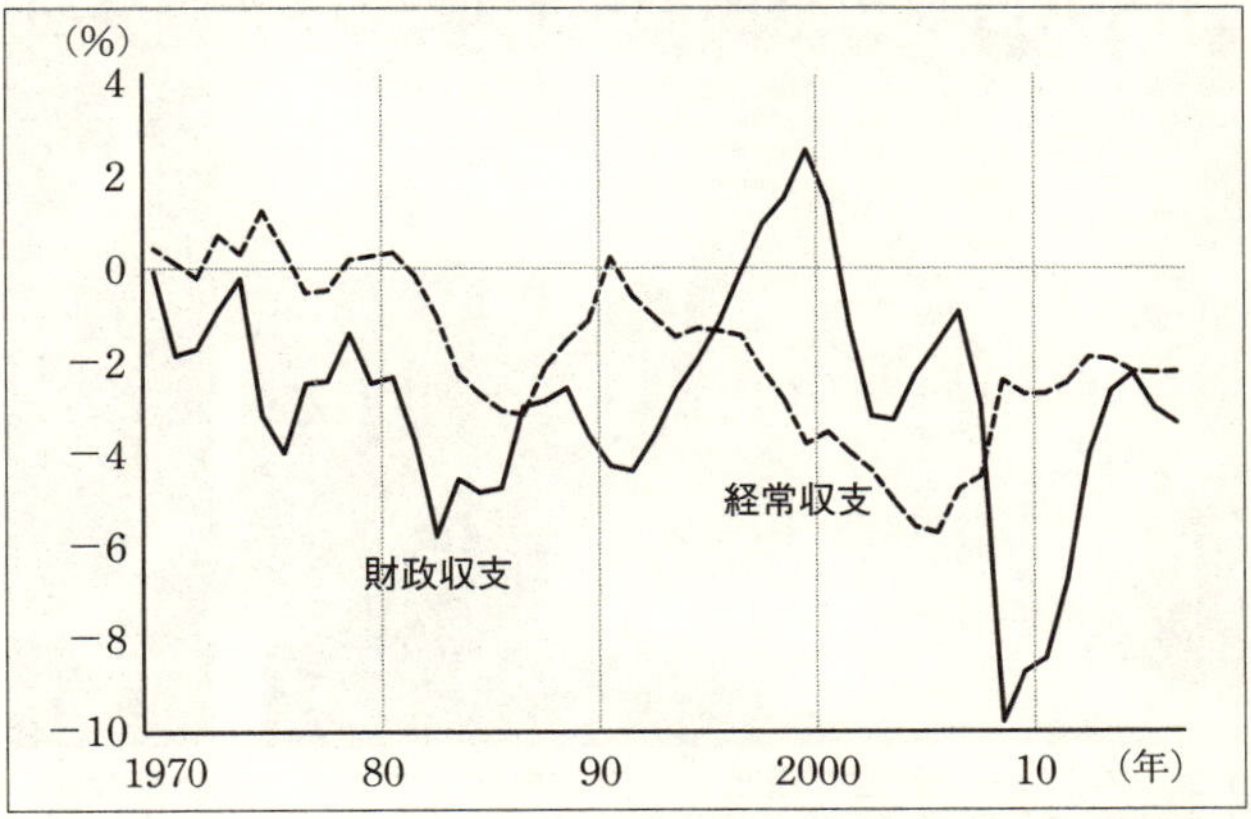

リーマン・ショック後にオバマ政権が実施した大規模な財政出動による2009年以降の財政赤字の規模が目立つが、1980年代のレーガン政権期の双子の赤字も深刻であった

はつまり、政策決定に重要なのはその背後の理論ではなく、実際に社会に与えるインパクトであるという、結果重視の姿勢である。

政策形成の際にエビデンスが重視されるようになった背景には、連邦政府の財政危機があった。一九八〇年代のレーガン政権期、米国では貿易赤字に加え、軍事支出の増大や大型減税などにより財政赤字も膨らんだ（5―1を参照）。そのため、一九九〇年代には財政再建がきわめて優先度の高い政治課題となる。限られた財政資源で最大限有効な政策を立案していくことが以前にも増して求められるようになった

5-2　**クリントン政権が重視した財政再建**　クリントン政権最後となる2001年度連邦政府予算を説明するビル・クリントン大統領。クリントン政権後期は財政収支が黒字となり、この流れが続けば当時4兆ドル近くあった米国の国家債務が2013年までにゼロになると、自らの政権の財政再建の成果を誇った

が、その手段として期待されたのがエビデンスに基づく結果重視の政策形成だった。

一九九三年に発足したクリントン政権は、連邦政府の合理的運営と歳出抑制を徹底して追求した。政府職員の削減とともに、「国家業績評価(National Performance Review)」という取り組みにより硬直化した規則や制度を取り除き、官僚が行政サービス向上のために創造性を発揮できるよう行政改革を進めたのである。その根底にあったのは「手続き重視から結果重視へ」という、行政運営の理念を根本から変える考え方であった。費用対効果が、行政運営の重要な要素として優先順位を上げてきたのである。

こうした方向転換は、一部先進国では一九八〇年代からみられた。いわゆるニュー・パブリック・マネジメントである。各国で財政が悪化するなか、英国などを皮切りに行政の効率を高める目的で市場原理の導入や一部の行政機能の民営化が進んだ。クリントン政権期の行政改革もこの世界的な流れに沿ったものだった。

エビデンス重視の政策立案は、費用対効果重視の観点からだけでなく、政府が説明責任を果たすうえでも有利だった。政策決定の根拠を客観的に示すことができるからである。とりわけ、コストを勘案しつつどのレベルまでリスクを抑えるかを議論する際、実証的なデータは説明責任を担保するうえで強みを発揮した。

米国では、リスク対応のアプローチや政策形成の考え方が一九八〇年代から九〇年代にかけて大きく変わってきたのである。

リスクへのアプローチ

一九八六年、科学技術のリスクについて米国など先進国で議論を促す二つの出来事があった。一つはチェルノブイリ原子力発電所事故であり、もう一つはドイツの社会学者ウルリッヒ・ベックが現代の科学技術が引き起こすリスクを論じた『リスク社会』を世に問うたことである。

ベックは、天災などのリスクとは別に、現代社会では科学技術によってリスクが巨大化・複雑化しており、それが社会の構造を変えつつあると述べた。多様化するリスクが従来の社会では扱いきれない問題となり、社会制度や人間関係を変えているというのである。産業社会で問題となった富の分配に加え、リスクの分配が重要な問題となる「リスク社会」が到来しているとベックは指摘した。

それでは、この時期にリスク対応のアプローチは現実にどのように変わったのだろうか。まず、リスクを定量的に評価し、その結果を踏まえて規制を行うことで、現実的かつ費用対効果の高いリスク対応が行われるようになってきたということがある。食品のリスクを例にみてみよう。

米国では一九五八年以来、発がん性がわずかでも示された食品添加物、残留農薬などは食品中に存在してはならないという法律の規定が運用されてきた。これは連邦食品・医薬品・化粧品法に加えられた「デラニー条項」と呼ばれるもので、発がん性物質によるリスクは完全にゼロでなければならないという考え方に基づく。

しかしその運用は困難になっていく。分析技術が進歩すると新たな化学物質が使えなくなる一方で、従来使われていた化学物質は基本的に引き続き使用可能とされたため、仮に新たな化学物質のほうがリスクが低い場合でも代替できないといった矛盾があったからだ。

このため食品医薬品局などはデラニー条項を実質的に回避するため条文の解釈を柔軟化して対応していた。一方、一九九六年には環境保護庁が管轄する農薬の規制がこの条項から除外された。これは「ゼロ・リスク」のアプローチの限界が露呈した典型例である。

代わりに、食品中の発がん性物質には確率論的・定量的な規制が行われるようになった。普通の人がその化学物質を一生摂取し続けたときに、それが原因でがんを発症し死亡する確率（生涯過剰発がんリスクレベル）を一〇〇万分の一以下にする、という考え方が基本線として確立する。そのうえで、動物実験の結果などを基に人間の一日の摂取可能量の基準が定められ、規制に反映された。

ただし第2章でも述べたように、基準の算定にはさまざまな仮定や推定が必要であるため、精密な基準値が設定できるわけではない（73頁2—5を参照）。また、規制が実務上現実的であるか、規制によって発生するコストはどのくらいかなども勘案する必要がある。生涯リスクレベルは実際には柔軟に設定された。

とはいえ、定量的なアプローチをとることで費用対効果の高い実効的なリスク対応が一応可能になった。この方向性については、議会の下院科学委員会が一九九八年に出した科学技術政策に関する包括的な報告書「未来への扉を開く～新たな国家科学政策に向けて」でも、次のように述べられている。「われわれは社会全体として、生活に関わるあらゆるリスクをゼロに抑えることはできないことを受け入れ、代わりに限られた資源をどう配分すれば最大の社会的効果につながるかを決めていくべきだ」。

米国では、厳しい財政事情の下、食品を含め幅広いリスクに対応していくうえで費用対効果が要請され、それを実現する手段としてリスク評価が期待されたのである。

確率論的リスク評価――原子力分野への導入

原子力発電所のリスクについても同様に定量化が行われていく。ただ、原子力発電所の過酷事故の頻度はきわめて低く、発生確率の定量的な推定がきわめて難しい。そこで新たな手法として導入されたのが確率論的リスク評価（ＰＲＡ）という手法であった。

確率論的リスク評価とは、巨大技術システムの事故を引き起こす要因を体系的に分析する手法である。巨大技術システムではたった一つの部品の不具合やソフトウェアのバグ、人為的ミスなどがシステム全体の故障につながる。他方、それを防ぐための多重の仕組みも設けられている。確率論的リスク評価では、そのような故障シナリオすべてについて、部品の試験データなどを参照しながら発生確率を推定し、それらを組み合わせることでシステム全体の故障確率を算出する。

確率論的リスク評価を行う過程でも多くの仮定や推定、技術者の主観的な判断などが入り込む。一方で、原子力発電所の過酷事故のリスクを定量的に論じることが一応可能になる。また、さまざまな故障シナリオの相対的な重要度が明らかになるため、費用対効果の高い安全対策を講じることができるようになる。

米国での原子力業界では、効率的な安全対策のため、一九七〇年代末から確率論的リスク評価に関する検討が進められた。原子力規制委員会（NRC）も次第にその妥当性を認め、一九九五年にはその適用を正式に奨励することになる。一九八六年には、原子力発電所の事故による近隣住民の死亡の確率は他の全死因の確率の総和の一〇〇〇分の一を超えてはならないという考え方を基本に、連邦政府によって安全基準も設けられて

5-3　原子力発電所の確率論的リスク評価の一部

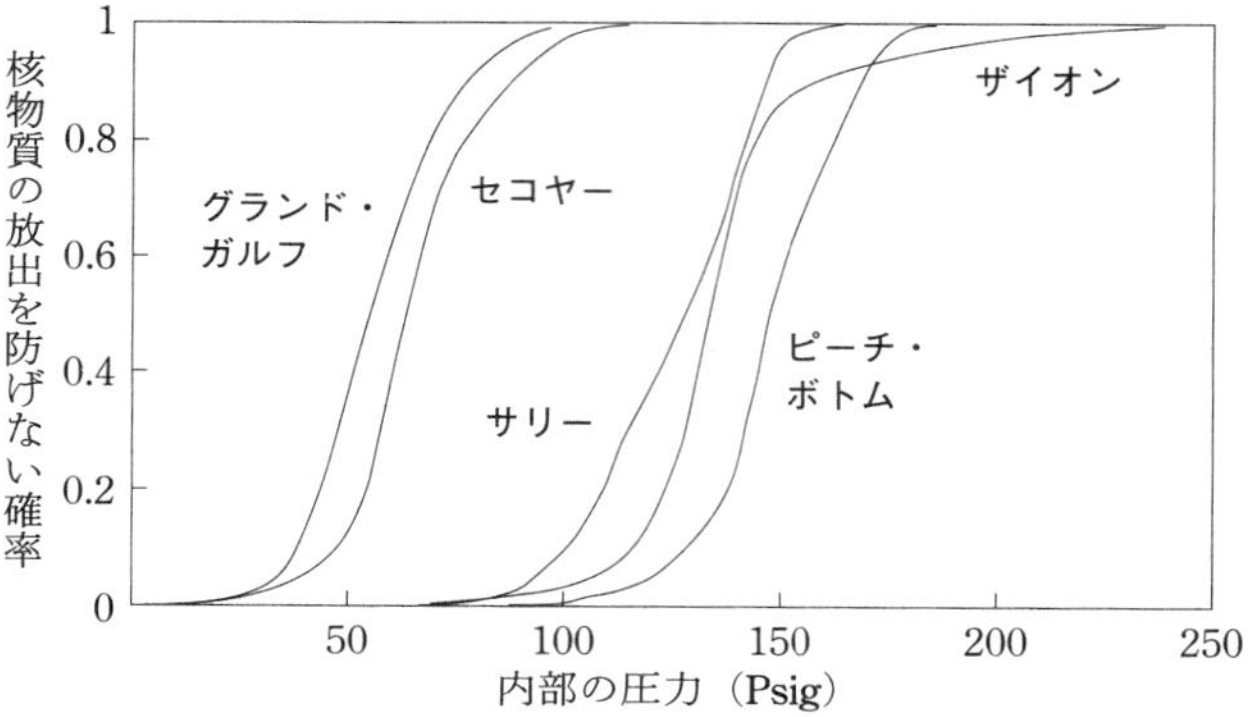

米国原子力規制委員会が1980年代後半に行った分析結果。複数の原子力発電所についての過酷事故の確率論的リスク評価の一部として行った。炉心溶融などが起こって、水素や水蒸気の発生といった事象をともない、原子炉内部の圧力が高まったときに、核物質の漏出を防ぐことができない確率を示してある。
このような確率論的計算の積み重ねで原子力発電所の過酷事故のリスクが定量的に算出される。なお、圧力の単位Psigは、「重量ポンド毎平方インチ」（Pound-force per square inch）であり、1Psig＝約0.068気圧

いる。

　こうして米国では、原子力事故のリスクはゼロではないという事実を受け入れ、そのリスクを定量的に管理するアプローチが確立していった。ただし、確率論的リスク評価に不確実性がともなうことや、確率論的リスク評価が近隣住民にリスクを強いる根拠になりかねないことに対する批判も強い。実際、原子力分野で伝統的に採用されてきた「深層防護」と呼ばれる多段階の安全対策も依然維持された。

とはいえ全体としてみれば、

膨大な規則の遵守を前提とした手続き重視の規制から限られた資源で最大限のリスク低減を追求する結果重視の規制へと、基本的な考え方が移行したことは間違いない。

リスク評価とリスク管理

一般的にリスクへの対応では、まずリスクの性格や大きさを科学的に評価し、次にそれを基に実行可能な対応策を講じる。前者をリスク評価といい、後者をリスク管理というが、その間をどうつなぐかに複雑な問題がある。それは、リスク評価のベースとなる科学的な観点と、リスク管理を行う際に考えるべき政治的・社会的な観点との間に価値観の相異があるからだ。両者の間の折り合いをつけることは、科学技術を現代社会に組み入れるプロセスの一つであるといえる。

科学的な観点に基づくリスク評価は、政治的・社会的価値観が入り込むリスク管理から独立して実施することが重要とされる。たとえば、新しく開発された医薬品の流通・販売を政府が承認する際、まずその効能と副作用を科学的な観点から評価したうえで、次に社会的状況や財政状況などを勘案して最終的に行政的な判断を行う。これにより、政治的・社会的な考慮が科学的な評価を歪めるのを防ぐことができる。

リスク評価の段階から科学的観点以外の考慮が入ったらどうなるだろうか。科学的判断はつねに不確実性をともなうので、その不確実性の幅のなかで科学者は政治的・社会的な考慮を払いうる。だがそれでは科学的判断自体が政治的・社会的な影響下にあることになり、規制行政への信頼が保てない。このため、リスク評価とリスク管理とは分離したほうがよいというのが原則である。

ただし、リスク評価を行う側とリスク管理を行う側との意思疎通が遮断されてしまえば、前者の評価結果が後者に曲解されてしまう恐れがある。また、後者の立場からみて的外れな評価を前者が行う可能性もある。実際に各国では、医薬品審査を含む幅広い規制行政の分野で、リスク評価とリスク管理の分離が意識されながらも両者の密接な連携が図られている。

リスク評価から政治的・社会的考慮を排除すべきという考え方も、時代を経て微妙に変わってきた。一九九〇年代からはリスク評価のプロセスに利害関係者や市民も加わるべきとされるようになってきたのである。リスクに対する認識は主観によって大きく左右されるが、そうした主観的認識は必ずしも非合理的とはいえないからである（5—4を参照）。

5-4　リスク評価とリスク管理の実施

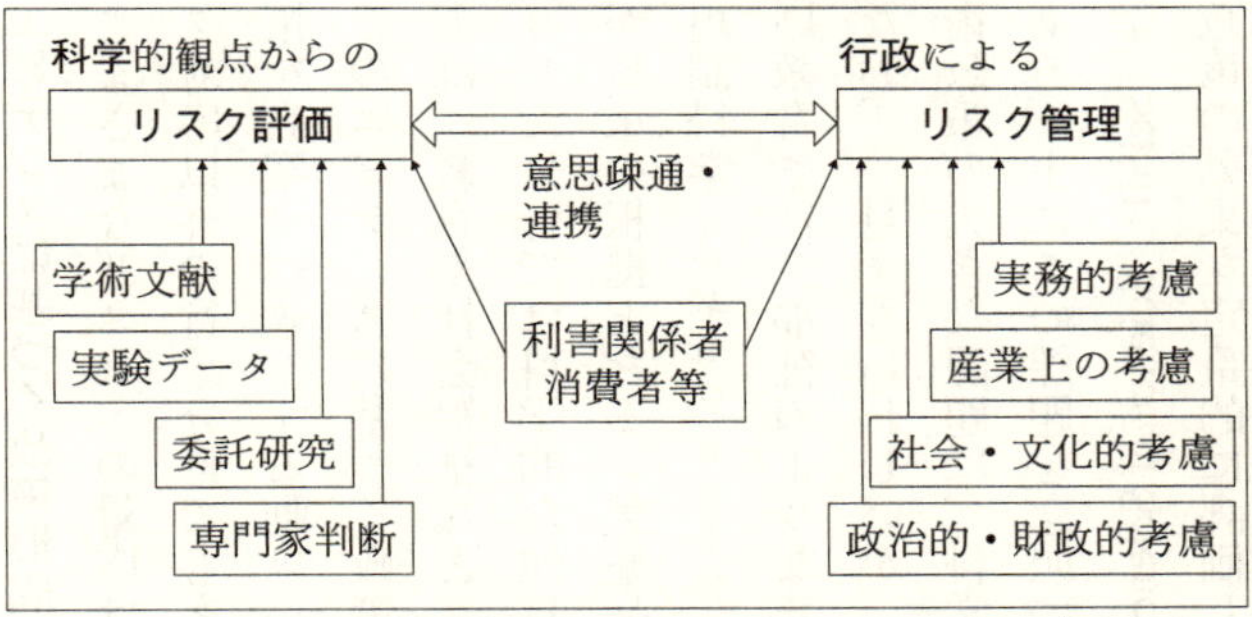

かつてリスク評価は科学的観点からのみ行われるべきと考えられる傾向にあった。だが次第にリスク管理側との意思疎通や連携が重視され、利害関係者や消費者等の関与も必要と考えられるようになってきた

むしろ、リスクの規制は社会的な課題であり、一般の人々のリスク認識を重視するほうが合理的な場合もある。一方で、科学者のリスク認識も不確実性やバイアスを含むことも知られてきた。この時期には、科学技術の権威がもう一段相対化されたとみることもできよう。

こうして、リスク対応における科学の役割や位置づけは変化してきた。科学は超然として、政治や社会に真正な知見を伝えていればそれでよいという立場が後退し、科学は適切な形で政治や社会と関わりあうべきと考えられるようになってきたのである。

エビデンスに基づく政策形成

さまざまなリスクへの対応は政府の重要な任務の一つであるが、一九九〇年代にはリスク対応以外の行政分野でも客観的・定量的な評価結果、ないしエビデンスに基づいて政策を立案すべきとする動きが広がってきた。

このエビデンスに基づく政策形成（ＥＢＰＭ：Evidence Based Policy Making）という考え方は、教育や社会福祉など、科学技術との直接的な関わりが低い分野でも提唱された。そうした分野では科学的な知見というよりも、統計的なデータから導き出したエビデンスが政策の根拠となる。医薬品規制や食品安全のような分野では政策の根拠となる科学は規制科学（レギュラトリーサイエンス）と呼ばれるが、科学技術との直接的な関わりが低い教育や社会福祉のような分野では政策の根拠となる知見はエビデンスと呼ばれる。

なお、一見まぎらわしいが、科学技術政策でも近年ＥＢＰＭが提唱されてきた。科学技術政策の大きな課題は、科学技術への公的投資をいかに費用対効果の高い形で行うかである。主にこの課題を念頭に、米国では二〇〇七年から「科学イノベーション政策の科学（SciSIP：Science of Science and Innovation Policy）」という事業が始まった。科学技術政策の効果を定量的に評価し、そのエビデンスをまた政策立案に反映することをねらいとする。同時に、科学技術への公的投資について説明責任を果たすこともめざす。

なお、ＥＢＰＭの概念的ルーツはエビデンスに基づく医療（ＥＢＭ：Evidence-Based Medicine）にある。これはカナダの医学者ゴードン・ガイアットが一九九二年に提唱した概念で、医師が診療を行う際に、学術的な知見や自身の経験などを基礎とした推論に拠るのではなく、最善のエビデンス、すなわち実証的なデータに基づいて意思決定を行うという医療のあり方である。このＥＢＭの概念を政策形成に適用したのがＥＢＰＭであった。

利害関係者の圧力や慣行、政策立案者の経験や直感ではなく、客観的な根拠に基づいて政策を立案、決定することをめざすＥＢＰＭは、一九九〇年代以降、英国などでいち早く全政府的に推進され、米国でもその流れが強まっていく。

科学と政治の協働

リスク評価・リスク管理やＥＢＰＭは、ともに科学と政治の協働によるものである。リスク評価者とリスク管理者との関係が複雑であるように、ＥＢＰＭでも、エビデンスを提供する科学者とそれを用いて政策を立案する政策担当者との関わり方は難しい。

科学と政治の協働で問題になりやすいのは、科学的な不確実性が大きい場合である。先述の一九九八年の米国議会の報告書「未来への扉を開く」は、特に環境問題で科学者がデータを多様に解釈し、相異なる分析結果を導くことが多いと指摘している。深刻な論争になると互いに科学的アプローチを攻撃し合い、果てはそれぞれ利害関係者との密着した関係を指弾し合う。そのような泥沼化を防ぐため、ピア・レビュー（専門家どうしによる分析結果の相互評価）の実施や、情報公開の徹底を報告書は推奨している。

英国では、牛海綿状脳症（BSE）をめぐって科学と政府との関係が問われた。英国政府は一九八六年に初めて牛のBSE罹患を確認してから、九六年までBSEのヒトへの感染リスクを否定していた。その間、ヒトへのリスクを示唆するエビデンスが次第に蓄積していったが、政府は国民の過剰反応と産業への影響を恐れ、リスクを過小評価し続ける。これが、科学的知見の取扱いを誤ったとして批判を浴びた。

英国や米国はこのような状況を経験し始めていたため、一九九〇年代後半よりリスク評価・リスク管理やEBPM、そしてより一般に科学的知見に基づく政策形成に関わるルールや行動規範を作り始めた。そこには科学と政府との関係を律する原則が示されている。

科学と政府との関係で基本的に重要なのは、科学的知見の提供者の独立性である。言うまでもなく、政府は科学的知見の作成過程に政治的な介入を加えてはならないということである。これが担保されなければ、政策形成を支える科学的知見の根本が崩れる。

また、政府が政策決定に用いる科学的知見を幅広くバランスの取れた形で収集することも重要である。各省庁の審議会、科学アカデミー、大学や研究所や研究者などが科学的知見の供給源になるが、審議会であれアカデミーであれ、その構成員が特定の政策的立場に偏ることがあってはならない。政府が政治的バイアスをもって科学的知見を採用することも当然禁物である。

ところが実際には米国で、二〇〇一年からのジョージ・W・ブッシュ政権が関係省庁に圧力をかけ、気候変動などに関する特定の科学的知見の公表を妨害したり、政権の意に沿わない見解をもつ科学者を審議会から排除したなどとして、批判されるということがあった。二〇〇九年に大統領に就任するオバマ大統領は、科学技術と政府との関係に関わるルールの整備を急ぐことになる。

英国や米国が先導する形で定めてきたルールは、科学技術と政府との関係が深化するなかでも両者の間に一定の距離感と透明性が保たれるべきであるという考え方を示している。これも、ますます高度化してきた科学技術を社会的な意思決定のなかにどのように組み入れるかを探る動きの一つとしてみることができる。

気候変動問題――国際社会の素早い対応

先に少し触れたが、ポスト冷戦期に科学と政策形成の関係をめぐって最も激しい論争が繰り広げられた分野は気候変動だろう。

気候変動に関わる科学の不確実性は非常に大きく、政策決定の基盤として弱さをはらんできた。一方で、気候変動とその対策は各国の利害と深く関係するため、政治的な影響が科学に及びやすい。この科学と政治が絡み合う難題に、世界中の科学者・技術者、そして政治家・行政官がこれまで数十年間取り組んできた。

気候変動のリスクは、食品や環境とは少し性格が異なる。それは特定の科学技術のリスクではなく、近代以降の科学技術文明全体による地球規模のリスクである。人類が創り出してきた科学技術の総体と現代社会との関わりが問われる時代になったとみることができるだろう。

気候変動に関する科学研究は以前から行われていたが、国際社会の問題として注目を集めるのは一九八八年に気候変動に関する政府間パネル（ＩＰＣＣ）が創設されてからである。

ＩＰＣＣは、気候変動とその影響や対策に関する科学的知見をとりまとめ、「評価報告書」などの形で国際社会に発信することを任務とする。そのプロセスには世界各国から科学者のみならず行政官も参画するため、ＩＰＣＣの報告書には政治的考慮が一定程度含まれることになるが、他方でその内容は参加国の政府にとって受け入れやすいものになる。こうして、科学的知見を尊重しながらも、リスク評価からリスク管理への接続がうまくいくような設計が工夫されてきた。

その結果、ＩＰＣＣは科学的信頼性と政治的正当性の双方を獲得していく。創設二年目の一九九〇年には早くも第１次評価報告書を公表し、地球温暖化のリスクへの対応を国際社会に訴えた。

一九九二年にはリオ・デ・ジャネイロで開かれた国連地球サミットで気候変動枠組条約が採択される。この条約は、先進国と途上国が「共通だが、差異ある責任」を共有しているとし、先進国に温室効果ガス排出量の削減のための措置を求めた。これにより、国際社会が気候変動への対応策を講じていく態勢が整う。

一九九五年には気候変動枠組条約の第1回締約国会議（COP1）がベルリンで開かれ、九七年に京都で開催された第3回締約国会議では早くも京都議定書が採択される。京都議定書は、二酸化炭素など温室効果ガス排出量の具体的な削減目標を各先進国に課すなど、国際社会の具体的なアクションプランを含んでいた。

冷戦終結後、国際社会の関心が安全保障から環境問題へと移行するなか、IPCCが警鐘を鳴らした気候変動問題への対応は、強力な政治的推進力を得て短期間で進展したのである。

京都議定書の限界、科学的不確実性の壁

京都議定書は国際社会の偉業だったが、問題点もあった。まず、その内容がIPCCによる科学的評価を踏まえたものとは必ずしもいえなかったことがある。先進国が課された温室効果ガス排出量の削減目標はまったく政治的な産物であり、地球温暖化の緩和のために実質的な効果があるとはいえないものだった。また、排出量取引などについても具体化されないまま、やや強引に導入されている。

京都議定書で最も問題だったのは、国際合意にたどりつくこと自体が目的化し、各国

の現実的な国内事情を度外視して政治的決着が行われたことである。米国は、当時の議会の情勢からは京都議定書が批准される見通しがほぼなかったにもかかわらず、ゴア副大統領の強い主導により議定書に同意したが、結局二〇〇一年に離脱している。また、中国をはじめ途上国を枠組みに取り入れる仕組みがなく、京都議定書の実効性は低いものとなった。

二〇〇五年からは「ポスト京都」の議論が始まる。しかし二〇〇九年、ＩＰＣＣの信頼を根本から揺るがす事態が起きた。ＩＰＣＣに密接に関与する気候変動の研究者らの大量の電子メールや文書が何者かにハッキングされ、流出したメールのなかにデータの捏造などを疑わせる記述が見つかったのである。これは「クライメートゲート事件」と呼ばれ、世界的な論争を巻き起こした。

調査の結果、ＩＰＣＣや気候変動の研究者らによる捏造はなかったことが明らかになり、国際社会の動揺は次第に収まる。もともと、ＩＰＣＣに対する各国政府や国際機関の支持は厚く、ＩＰＣＣ自身も信頼性の回復に向けて努力した。

しかし、ＩＰＣＣの透明性や中立性についての懸念がなくなったわけではない。気候変動の科学の不確実性も依然大きい。ＩＰＣＣの科学的知見の精度や確度が着実に向上してきたのは事実であり、気候変動が人為的要因によるものであることがほぼ確実であることは広く認められるようになった。しかし、温室効果ガス排出をどの程度低減すれば将来どの程度の気温上昇で収まるのかなど、分析モデルの不確実性の幅がなかなか狭まらない。このような科学的不確実性が国際社会による気候変動問題への対応を難しくしてきた。

「ポスト京都」の議論が結局不調に終わった後、新たな気候変動対策の国際的枠組みであるパリ協定はようやく二〇一五年の第21回締約国会議で採択された。パリ協定は、先進国に温室効果ガスの自主的な削減目標の提出及びその達成状況の評価を義務づけた点と、途上国にも将来的に同様の対応を促した点に特徴がある。ただ、この協定の全体的な有効性の評価を行うことができるようになるのはまだ先のことだろう。

ブダペスト宣言と社会のための科学

ここまで化学物質、原子力発電所、気候変動といったリスクへの対応や、教育、社会福祉などの分野で実践されているEBPMの経緯をみてきた。こうした問題を中心に、社会のなかでの科学技術のあり方を探ろうとする、一九九〇年代以降拡大してきた学問分野がある。ＳＴＳ（Science and Technology Studies、科学技術社会論）である。

ＳＴＳは、科学技術への批判的・懐疑的な視点が広がった一九七〇年前後から興隆してきた。歴史学、社会学、哲学・倫理学、政治学、人類学などさまざまな観点から科学技術が論じられ、学際的な分野として認知されるようになる。

科学技術と社会との関わりをめぐる大きな問題領域としては、生命倫理がある。安楽死・尊厳死、脳死・臓器移植、遺伝子診断・遺伝子治療など、バイオテクノロジーや医療技術の広がりに応じてその重要性は増してきた。生命倫理は、それ自身独立した学問分野だが、社会に科学技術がいかに組み込まれるべきかを論じている点ではＳＴＳと共通している。

生命倫理のほかに、ＳＴＳで比重を増してきたのは政策研究である。本章で扱ってきたような、科学技術に関わる社会的な意思決定を現実にどう行っていくべきかという問いが重視されるようになってきた。

ＳＴＳは実際、政府によるリスク評価・リスク管理の仕組みの設計などに一定程度寄与してきた。リスク評価に利害関係者や市民が加わるべきであると早くから主張してきていたのは、ＳＴＳの研究者である。科学技術やそのリスクについて広く市民も含めい

5-5　ポスト・ノーマルサイエンス

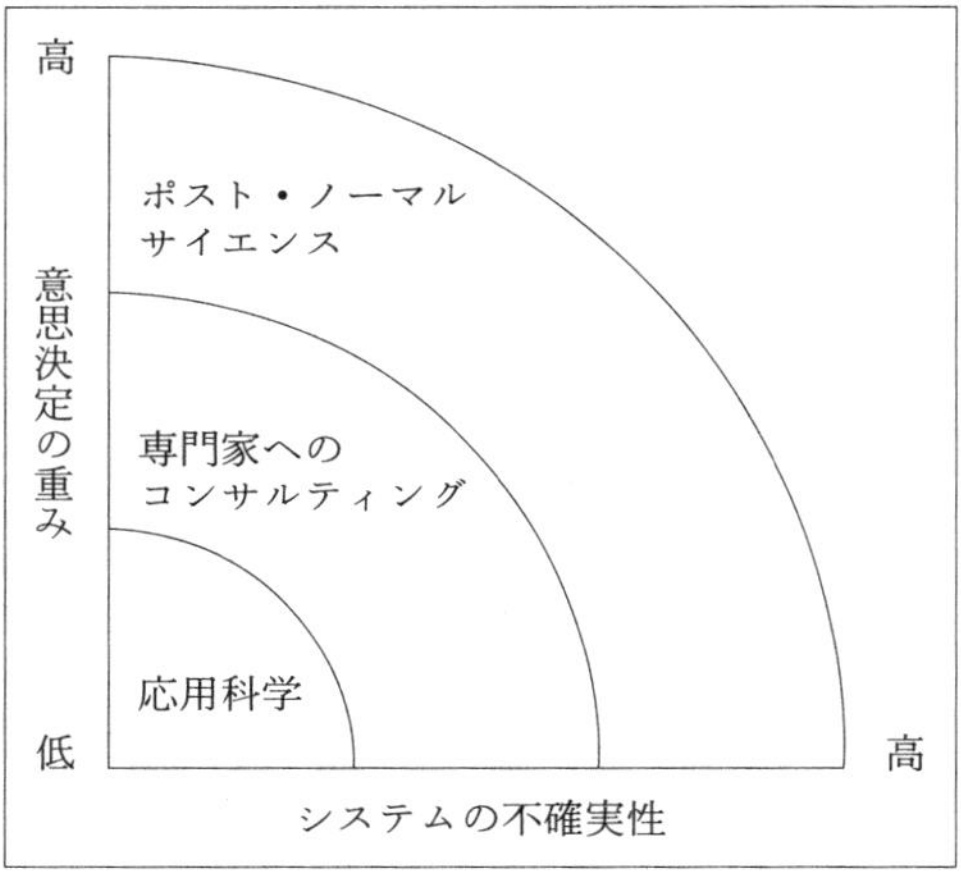

かに意思疎通をしていくべきかを論じる、科学技術コミュニケーションやリスク・コミュニケーションと呼ばれる新しい学問領域も成長してきた。

一方で、一九九〇年代に入ってＳＴＳの研究者らは現代社会のなかの科学技術を特徴づける概念をも次々と提示している。

たとえば、英国のジェロム・ラベッツらは、現代の社会課題を解決する際に通常の科学の応用では対応できない「ポスト・ノーマルサイエンス」の領域が拡大していると論じた（5—5を参照）。この領域に入るのは、たとえば先端医療や気候変動など、科学的な不確実性が大きく、あるいは価値観や利害をめぐる対立が激しく、意思決定が急がれるような問題である。そこでは科学者だけでなく利害関係者などの関与が必要になるとラベッツらは指摘する。

他方で、英国のマイケル・ギボンズらは科学の全体的・長期的な変化を論じた。ギボンズらは従来の科学を専門主義に基づく知識生産様式とし、これを「モード1」の科学と呼ぶ。一方、近年拡大してきた、社会での応用を意識した分野横断的な知識生産様式を「モード2」と呼ぶ。前者は主に専門分野の既存の知識体系への貢献を評価基準とするが、後者では多様な関係者・関係機関との協働を通しての実社会の課題解決を重視する。現実の科学はほとんどモード1とモード2の組み合わせだが、モード2に比重がシフトしてきたとギボンズらは指摘した。

科学のこのような根源的な変化は、世界の多くの科学者の共通認識となっていった。そのことを象徴したのが、一九九九年にブダペストで開催された「世界科学会議」（国連教育科学文化機関〔UNESCO〕と国際科学会議〔ICSU、現ISC〕の共催）での「科学と科学的知識の利用に関する世界宣言」、ブダペスト宣言と呼ばれるものである。

ブダペスト宣言は、二一世紀の科学の責務として「知識のための科学」に加え、「平和のための科学」「開発のための科学」「社会のなかの、社会のための科学」を規定した。国連の大きなミッションである平和維持と途上国開発が強調されているが、ブダペスト宣言はギボンズのいうモード1からモード2への重心移動と同様の方向性を示しているともいえよう。

ポスト冷戦期の世界では、こうしてさまざまな分野で科学技術が社会に調和的に組み込まれる仕組みができあがってきた。そのような流れは二一世紀に入っても続き、現在の科学技術を形作っている。

第6章

イノベーションか、退場か
――21世紀、先進国の危機意識

パルミサーノ・レポート――イノベーション称揚

二一世紀に入ると、世界では多極化の流れが強まった。一九九〇年代にはロシアの国力が衰える一方で米国は経済的繁栄を謳歌し、米国一強の状況となったが、二〇〇〇年代には早くもその構図が崩れる。資源価格の高騰などでロシアが影響力を回復、経済力を増してきた中国とともに二〇〇〇年代半ばには米国一極体制を揺るがし始めた。ブラジル、インド、インドネシアなど新興国も存在感を増し、米国経済の比重は二一世紀最初の一〇年間で急速に低下した（6―1を参照）。

一方で米国は、二〇〇一年九月一一日に起きた同時多発テロを受けて新たな安全保障上の脅威への対応も迫られた。軍事費の膨張で財政が悪化し、さらにイラク戦争に突入する。二〇〇七年には住宅バブルが崩壊して翌年のリーマン・ショックと世界金融危機を引き起こした。二〇〇八年にはG20首脳会談が初めて開かれているが、これは世界的な課題に先進国、途上国双方の関与が必要な時代になったことを象徴していた。

米国は、自国の繁栄維持のためには、なによりも絶え間ないイノベーションが必要という考え方をとった。一九七〇年代に米国経済の地盤沈下が問題となった際にカーター政権が「産業イノベーション構想」をとりまとめたことについては第3章で触れたが、

6-1　GDPの世界シェアの推移

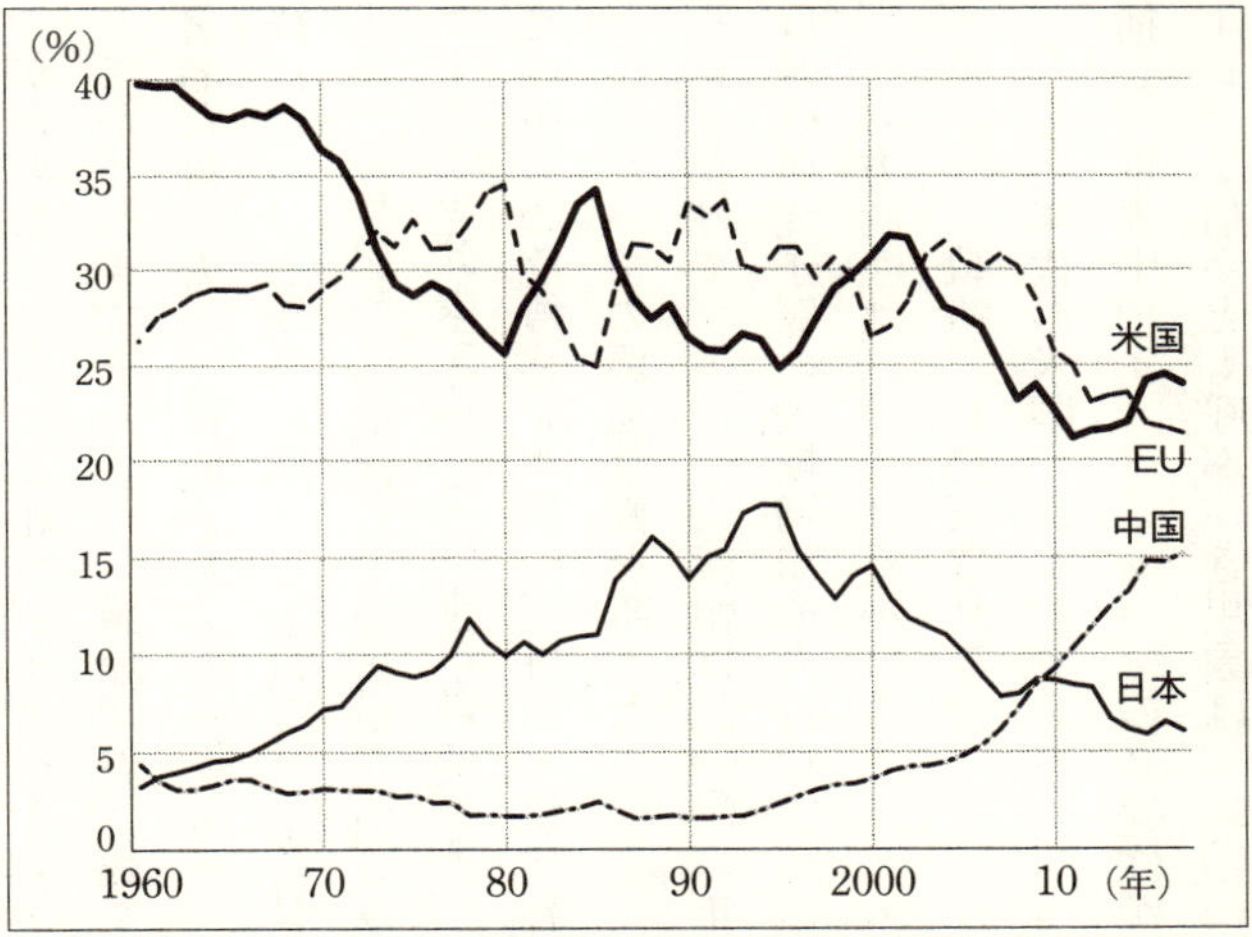

GDPの世界シェアは、為替変動の影響を受けやすいことに注意が必要だが、1970年代と2000年代の米国のシェア低下が目立つ。なおEUの1993年以前は欧州共同体（EC）

二〇〇〇年代にも同様の流れがみられたのである。

二〇〇四年には、競争力評議会（会長：サミュエル・パルミサーノIBM会長）が提言「イノベート・アメリカ」（通称パルミサーノ・レポート）を公表した。競争力評議会とは、レーガン政権期の一九八五年にヤング・レポートを作成した「産業競争力に関する大統領諮問委員会」を継承したNPOである。ヤング・レポートの影響力も大きかったが、パルミサーノ・レポートは「イノベーションは二一世紀の米国の成功の唯一最大の決定要素である」と述べ、イノベーションを促進するため米国社会そのものを最適化していくべきであるとし、議論を巻き起こした。

著名な科学者らで構成される全米アカデミーズも二〇〇五年、「二一世紀のグローバル経済における繁栄に関する委員会」（委員長：ノーマン・オーガスティン元ロッキード・マーティン社会長）を組織し、報告書「迫り来る嵐を乗り越える」（通称オーガスティン・レポート）を公表する。この報告書は、タイトルからわかるように、諸外国との混沌とした競争への危機感を背景に、科学・数学教育や基礎研究への支援の充実などとあわせイノベーションの環境整備を訴えた。

それを受けてブッシュ大統領は二〇〇六年「米国競争力イニシアチブ」を発表、翌年には基礎研究予算の大幅増額や人材育成への投資の促進を定めた米国競争力法が成立する。この方向性は二〇〇九年からのバラク・オバマ政権にも引き継がれ、同年「米国イノベーション戦略」が発表される。

二〇〇〇年代の米国で進んだイノベーション重視は欧州や日本など他の国にもすぐに伝播し、世界中でイノベーションの必要性が叫ばれるようになった。この世界的なイノベーション信奉とも呼ぶべき現象は、二〇一〇年代に入っても続く。

6-2　パルミサーノ・レポートが示したイノベーション像

パルミサーノ・レポートは、経済・社会の多様な要素の相互作用のなかでイノベーションが成り立っていることを踏まえ、その全体を生態系（エコシステム）のようなものとして捉えた。政策環境の役割も大きく、特に人材育成や公的投資、制度などの面からイノベーション促進のための提案が行われた

イノベーションが称揚された背景には、先進国の企業がおかれた厳しい状況があった。先進国間の競争に加え、価格競争力で優位に立つ途上国との競争が激化するなか、各企業はイノベーションを追求し、旧来のシステムを破壊して生き残っていくしかない。そうできない企業は弱肉強食のグローバル競争の時代には淘汰されてもやむをえない、という認識がそこにあった。「イノベーションか、退場か（Innovate or Abdicate）」というパルミサーノ・レポートの言葉がこの時代認識を端的に表している。

なお、イノベーションという言葉は、経済学の分野ではヨーゼフ・シュンペーターにより与えられた定義があるが、一般には革新あるいは技術革新という意味で二〇世紀後半に広く用いられてきた。ただし、二一世紀に入ってからは、新しい技術やアイデアによる経済的・社会的価値の創造という意味あいが強調されることが多い。これも、時代の文脈を反映したものだろう。

インターネットが変える社会

二〇〇〇年代に最大の社会的変革をもたらしたのは、情報通信のイノベーションだった。ブロードバンド回線、SNS、スマートフォン、クラウド・コンピューティングなど、情報通信の新しい形態が米国で次々に生まれ、世界に広がっていく。この分野では米国が他国を圧倒するイノベーションを展開し続けてきた。

そもそも二〇〇〇年代にはインターネットそのものが質的に変化した。一九九〇年代には大企業や官庁、大学、研究機関、そして一部の個人などがウェブサイト上で情報を提供し、一般の人々はその情報を受け取るだけだった。しかし二〇〇〇年代には誰もが情報の受信者かつ発信者になる。簡単に使える掲示板やブログが普及し、ウィキペディア（二〇〇一年〜）、フェイスブック（二〇〇四年〜）、ユーチューブ（二〇〇五年〜）、ツイッター（二〇〇六年〜）などの新しいメディアが次々と現れ、大きく成長していく。

このようにインターネットの運用形態が双方向的になった状況を指してWeb2.0という言葉も用いられた。この言葉はほどなく死語になるが、二〇〇〇年代にインターネットの社会的位置づけが質と量の両面で飛躍的に拡大したことは間違いない。

注目すべきなのは、二〇〇〇年代に相次いだインターネット関連のイノベーションを担ったのがいずれも数名の若者が立ち上げたベンチャー企業だったことである。これは一九八〇年代のマイクロソフト社をはじめ、情報通信分野では以前からみられたことである。ただ二〇〇〇年代にはハードウェア、ソフトウェアの環境が整っていたためベンチャーの参入が増え、イノベーションの幅が広がった。

このような状況にいち早く着目し、対応をとったのが軍事部門である。ベンチャー企業が開発する革新的な技術をデュアルユース技術として国防・諜報に取り入れる態勢を整えた。中央情報局（CIA）は一九九九年にIn-Q-Telというベンチャーキャピタルを設立し、有望な情報通信のベンチャー企業に出資を始めている。

特に二〇〇一年の同時多発テロ以降、テロリストの行動を探知するための諜報の重要性が高まった。サイバーテロやサイバー戦争に備えるサイバーセキュリティ全般も大きな課題となったため、In-Q-Telのような仕組みはきわめて有用だった。

民生部門では、インターネットは政治、金融、流通・販売、生産、医療、教育・研究、報道、芸術・娯楽などあらゆる領域でイノベーションをもたらした。モバイル機器、とりわけスマートフォンの登場がそれをさらに加速させる。二〇〇七年にアップル社がiPhoneを発売後、スマートフォンは急速に普及した。携帯電話やスマートフォンによる社会変革の波は途上国にも素早く及び、人々の日常生活に浸透していく。

一方で、企業への影響が大きかったのは二〇〇〇年代後半に台頭し始めたクラウド・コンピューティングである。

6-3　クラウド・コンピューティングの概念

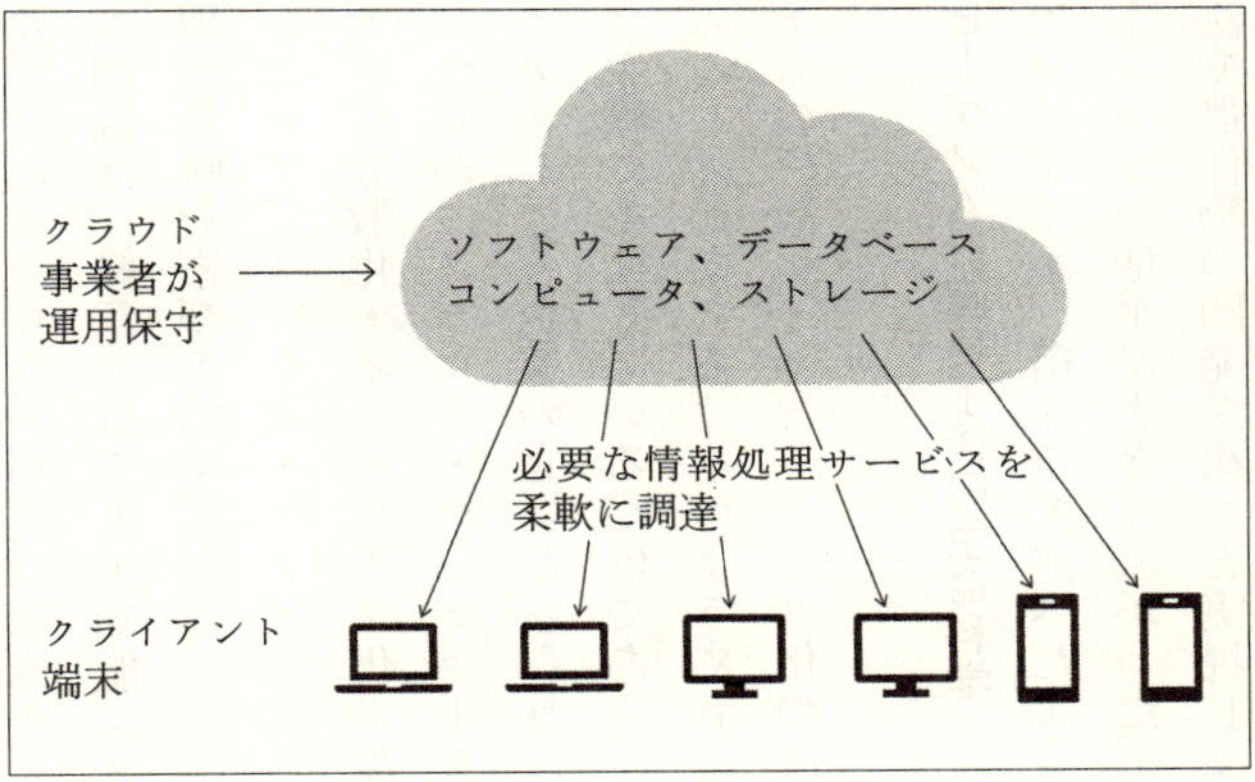

それまで企業は経理、人事・労務、営業など各部門の情報処理ニーズに対応するため、自社内部に自前のシステムを抱えてきた。しかし情報処理が高度化・複雑化し、機敏なシステムの更新が必要となってくる。運用管理の人件費などの費用もかさんだ。そこで、企業内に保持するシステムは最低限にし、事業者からインターネットを経由して必要なだけの情報処理サービスを受けるクラウド・コンピューティングを採用する企業が増えてきた。

クラウド・コンピューティングを採用すると自社が保有するデータを社外に出すことになるため、セキュリティの面でのリスクはある。だが大企業、中小企業を問わず、システムや人件費への過剰投資のリスクを避けてタイムリーに必要十分なサービスが利用できるメリットが大きい。このクラウド・コンピューティングの潮流は、終章で扱う人工知能（AI）と組み合わさって、二〇一〇年代にはさらに重要な意味を帯びていく。

ところで、クラウド・コンピューティングの流れは、一九七〇年代以降進んできたシステムの分散化・ネットワーク化の流れが反転し、再び集中型に向かった動きともとれる。たしかにクラウド・コンピューティングは情報処理能力を集中化させる。だが、クライアントの各企業の立場からみれば、自社内の情報処理タスクを妥当なコストで事業者に柔軟に委託しているだけである。むしろネットワーク化された業務形態に移行したとみることができる。そのように考えれば、クラウド・コンピューティングによってシステムの分散化・ネットワーク化の流れが逆転したとはいえないだろう。

ヒトゲノム計画終了後の生命科学

生命科学でも、第4章で述べたように二〇〇三年にヒトゲノム計画が完了して、イノベーションの地平が大きく広がった。当時は、この成果を基盤にして画期的な病気の治療法や農作物の開発が次々と実現していくと大いに期待された。

ただ、ヒトゲノム計画で成し遂げられたのは、人間のDNAに含まれる約三二億の塩基配列の確定までである。個々の塩基配列がどういう意味をもつかは未解明の部分が大きかった。一部の塩基配列がどのような遺伝子の発現に対応しているかは明らかになっていたが、そのプロセスを調節する機構などはほとんどわかっていなかった。

ヒトゲノム計画終了後は、複雑な生命現象を従来よりはるかに高いレベルで解き明かす研究が行われていく。一つは、非コードDNA領域の解明である。ヒトゲノムの塩基配列のうち、直接的にタンパク質の設計図としての役割を果たしているコードDNAは全体の約一・五％に過ぎないが、それ以外の非コードDNAについても多様な機能が次第に詳しくわかってきた。

DNAの塩基配列だけで説明できない複雑な生命現象についても研究が進んでいく。たとえば、細胞内では環境やタイミングによって異なるタンパク質が発現するが、そのきわめて多様な種類のタンパク質の全体を把握してその挙動に迫るプロテオミクスという研究領域が拡大した。また、細胞の機能分化やがん化のプロセスが、DNAが修飾され（一部の塩基の化学構造がわずかに変化〔メチル化〕する）それが保持されることなどによって支えられている様子が明らかになってきた。

こうした研究を主導したのはやはり米国だったが、欧州諸国や日本なども重要な役割を果たし、やがて中国の存在感も急速に増してくる。

二〇〇〇年代は、生命科学の基礎研究だけでなく現実の医療にも新しい可能性を開いた。たとえば、患者の遺伝子を簡便、安価に調べることができるようになったため、その情報を基に患者に最も適した治療を選択する「個別化医療」が現実的になってきた。同じような症状のがん患者でも遺伝子の違いなど体質の差によってどの抗がん剤をどの程度の量投与するのが適切かは異なる。個別に最適な治療をすることで、患者にとってはもちろん、医療費の膨張を抑えることができるメリットがある。

他にもがんの画期的な新薬が次々と登場し、再生医療への応用が期待されるiPS細胞が発見されるなど、二〇〇〇年代には医療分野で多くの進展があった。

一方、産業としてみたとき、バイオテクノロジー関連の企業は一部を除いてなかなか利益を出せなかった。その理由はさまざまだが、一つには、情報通信技術と比べてバイオテクノロジーのイノベーションの基盤が確立したタイミングが遅かったことがあるだろう。端的にいえば、インターネットは一九九三年に本格的に普及し始めたのに対し、ヒトゲノム計画の完了は二〇〇三年であり、終章でみるように汎用性の高いゲノム編集技術が登場するのは二〇一二年である。

二〇一〇年代後半にはバイオテクノロジー、特にその情報通信技術と融合した領域の商業的可能性に注目して、多くの企業が参入していくことになる。

ナノテクノロジーとエネルギー開発

二〇〇〇年代には、情報通信技術とバイオテクノロジー以外の分野でもイノベーション重視の流れが強まった。二〇〇〇年、クリントン大統領は国家ナノテクノロジー構想（NNI）を発表する。ブッシュ政権（二〇〇一年〜）やオバマ政権（二〇〇九年〜）もその方針を引き継ぎ、ナノテクノロジーへの予算を継続していく。

ナノテクノロジーとは一般に一〜一〇〇ナノメートル（一ナノメートルは一〇億分の一メートル）のレベルで物質を自在に制御し、材料開発などを行う技術である。二〇〇〇年以前にすでに重要な成果があり、半導体から医療、そして軍事まで長期的に幅広い分野への波及効果が見込まれた。そのため、米国は国家的な戦略の下にナノテクノロジーを後押しする。他国もこの動きに追随し、ナノテクノロジーは国家の競争力を左右する重要な科学技術の一つになっていった。

6-4　エネルギー関連科学技術を重視したオバマ大統領（2012年3月21日）　ネバダ州ボルダーシティの太陽光発電施設でエネルギー政策について演説

エネルギー分野でも、今世紀に入って政治経済情勢と絡みつつ大きな動きがみられた。ブッシュ政権は米国でそれまで停滞していた原子力を再び重視したが、同時に再生可能エネルギーの研究開発も支援した。このため、風力発電や太陽光発電の導入が大きく進む。太陽電池の性能は国際競争により向上し、二〇〇〇年代後半からは中国が低コストの太陽電池パネルを大量供給するようになった。

二〇〇九年にオバマ大統領が就任すると、世界金融危機後の大不況に対応するための大規模な特別財政出動の一環で、再生可能エネルギー開発にさらに資金が投入される。同時に、電力の需給を細かく調整できる電力網（スマートグリッド）への投資も盛り込まれた。

原子力では二〇一一年の東京電力福島第一原子力発電所事故後の影響が大きかった。日本ではほぼすべての原子力発電所がストップし、その後ドイツなども原子力発電から撤退を決める。ただ、世界的にみると影響は限定的だった。米国では二〇一二年、原子力発電所の新規建設計画が三四年ぶりに認可される。

他方で、二〇〇〇年代後半より、米国ではシェールガス、シェールオイルが新たなエネルギー源として注目を集めた。地中深い頁岩《けつがん》の層に含まれるシェールガス、シェールオイルは採掘が難しく、従来はあまり活用されてこなかった。だが、採掘の技術革新によって採算性が向上し、生産が本格化していく。その生産量は、原油や天然ガスの価格の動向に左右されながらも急速に拡大し、米国の長期的な競争力に強力な追い風をもたらした。

ただ、このシェールガス、シェールオイルの活用というイノベーションは、長年にわたる技術的蓄積のうえに生まれたものである。米国では政府と産業界が数十年にわたりシェールガスのような掘削困難な資源に関わる技術開発を進めてきていた。情報通信技術やバイオテクノロジーも同様だが、国の長期的な競争力を支える大きなイノベーションは、長期的な科学技術への投資を基盤として予期せぬタイミングと形態で現れるケースが多く、単発の投資はそれほど有効とはいえない。

大学での資金獲得競争の激化

米国がイノベーションによって競争力強化をめざすなか、その重要なプレイヤーである大学も二一世紀に入っていよいよ厳しい競争にさらされた。

第3章で述べたように、一九八〇年代以降の米国では大学への公的な資金支援が縮小したため、各大学は授業料の値上げ、寄付の受け入れ拡大、民間企業からの資金受け入れなどで対応してきた。民間企業からの資金受け入れには課題もあったが、多くの大学研究者は必要な研究資金を賄《まかな》うため積極的に民間企業との共同研究や受託研究に携わるようになる。

大学研究者は国立科学財団や国立衛生研究所など、公的研究費の獲得にも多大な労力をかけるようになった。だが、研究者数の増加や必要経費の膨張に公的研究費の伸びが追いつかず、研究費の獲得競争は年を追って過熱する。このため、時間をかけても多数の研究費制度に応募する研究者が増えた。

6-5　国立科学財団と国立衛生研究所の研究費の採択率の推移

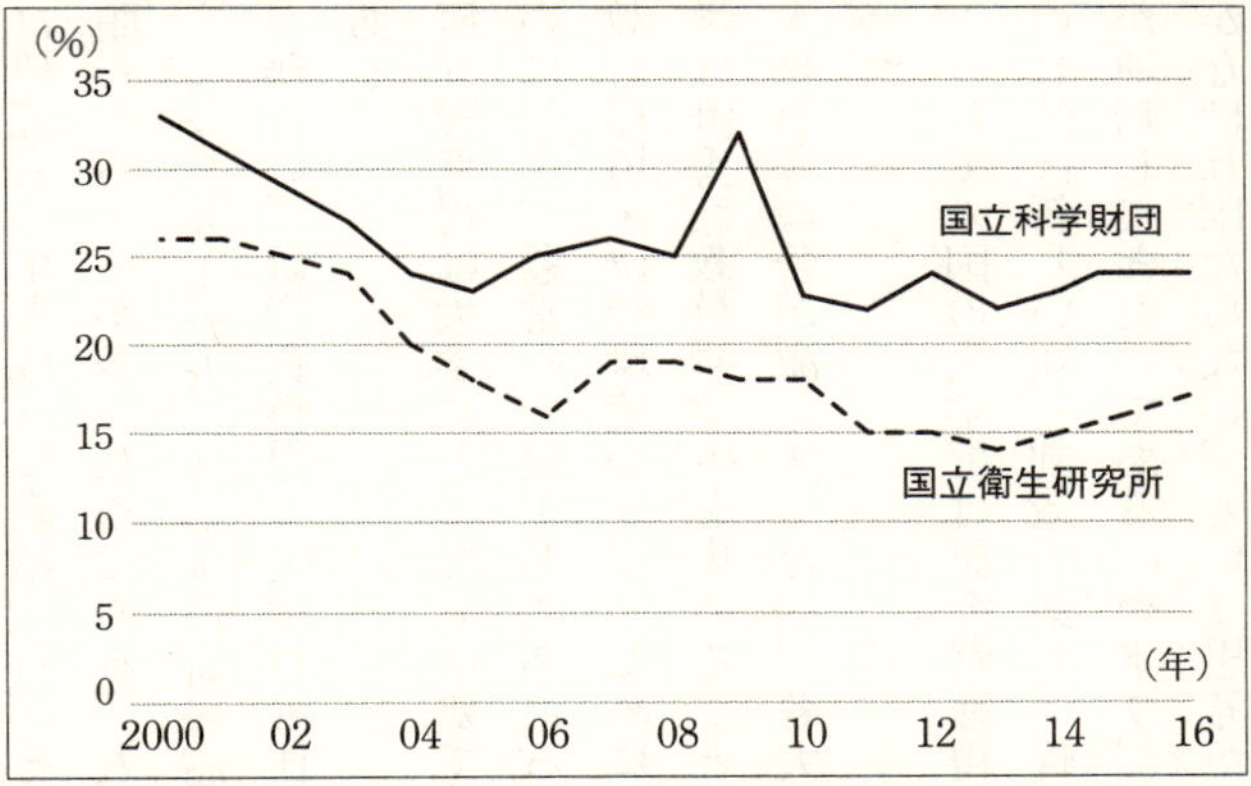

国立衛生研究所については最も一般的な研究費であるR01グラントの採択率

米国では、特に二〇〇〇年代が一つの転機だった。資金規模が大きい国立衛生研究所の予算が、議会の主導で一九九八年から五年間でほぼ倍増した後、二〇〇三年から一〇年以上にわたってインフレを考慮すると実質的に減り続けたからである。このため研究費の申請に対する採択率は一〇％台と低迷する（6—5を参照）。

生命科学・医学研究を支援する国立衛生研究所の予算は長年にわたり伸び続け、大学の研究現場もそれを前提に施設の整備や人材育成を進めていた。しかし予算が伸びなくなったことで、研究者間の競争が過熱する。

研究費を獲得し続けることができるか否

かは研究者の生き残りに直結する。それは、生命科学を中心に研究者の人件費が研究費で賄われることが多いためである。人件費を大学が負担している場合でも、終身在職権（テニュア）をもたない研究者は研究費を獲得できない時期が続けば大学にとどまることが難しい。研究費獲得の実績は昇任にも影響する。研究費獲得はすべてを左右するのである。

研究費獲得は大学にとっても重要である。研究者が研究費を獲得すると、研究費そのものに加え、通常その数十％にあたる額が間接経費として大学に支払われ、大学はそれを教育環境・研究環境の充実のために使うことができる。一方、資金を用意できないと大学は優秀な教員や学生を集めることができなくなり、競争力が低下する。グローバルな人材争奪競争が激化するなか、各大学では財務マネジメントがきわめて重要になっていった。

こうして米国の大学では研究費獲得が自己目的化してきた。本来、大学で行われる研究の目的は新しい知の創造であり、資金獲得はそのための手段であるはずだが、その関係が逆転してきたのである。つまり、次の資金を確保するために研究実績を積み上げておかなければならない、という思考が研究現場で蔓延するようになった。

ビブリオメトリクスの衝撃——研究不正の増加

大学で資金獲得の自己目的化が進むと、科学研究が商業的活動としての様相を強めていく。科学研究は次第に経済の論理で機能するようになってきた。

並行して、研究者や大学、そして論文や特許を定量的に計測・評価するシステムが洗練されていった。二一世紀に入り、論文出版の状況や他の論文への引用などを統計学的に分析するビブリオメトリクス（計量書誌学）が急速に発展したためである。

論文の書誌情報のデータベース化によって、研究者や大学の生産性や特徴をあらゆる角度から定量的に分析可能になったのだ。その分析データは、研究者の人事や大学ランキング作成の材料に用いられていく。従業員の営業成績や企業の時価総額、商品の取引履歴を扱うかのように、科学研究が数字で評価されるようになってきた。

もちろん、経済や生産性の論理に還元できない部分も残る。多くの研究者は自分たちが資金によって動機づけられているとは考えていないだろうし、資金や論文による定量的評価に縁遠い研究者もいるだろう。だが、より多くの科学者や大学が定量的評価を気にし、資金獲得を目的に行動するようになってきたことは否定できない。

その傍証として、研究不正、ないし研究不正に近いグレーゾーンの研究が増加している。研究者が資金を獲得し続けるためには論文生産性の維持が不可欠だが、そのために背信的な行為に走るのである。

研究不正にはデータの改竄や捏造、他者の研究の盗用や剽窃《ひょうせつ》などがあるが、そのような明確な不正行為以外にも、限りなく黒に近い灰色から限りなく白に近い灰色まで広大なグレーゾーンが存在する。たとえば、実験で集めたデータのなかから自らの論文の主張を支持するデータを選択的に採用したり、主張の根拠となる写真に微妙な改変を加えるといったことである。

こうした行為が研究者の間に広がると、論文の科学的信頼性が著しく低下する。論文に書かれている通りの実験を行っても同じ結果が得られない、すなわち再現可能性が担保されないケースが増えてくる。

論文数を稼ぐことなどをより直接的にねらった行為もある。本来なら一本の論文として発表すべき研究内容を細切れに出版したり、仲間うちの研究者が互いの論文に名目上共著者として名を連ねて論文数を水増しする。定量的に研究者を評価するシステムができると、研究者はしばしば点数稼ぎに走るのである。

こうした風潮が広がるなか、科学研究の定量的評価の問題点を認識し、その偏重と誤用を戒める動きも出てきた。たとえば、計量書誌学の研究者らが二〇一五年に公表したライデン声明という提言は、研究の価値を定性的、つまり専門家による総合的な判断によって見定めることの重要性などを訴えている。

しかし、現場で定量的評価が重視される傾向は容易には変わらない。さまざまな問題点があることはわかっていても、効率的に研究者を評価する手段としては定量的指標が便利なのである。

経済の論理と科学の変容

研究現場での資金調達重視の風潮は、研究不正よりもさらに根本的な次元で科学を変えていく。科学研究が商業活動と区別がない、短期的視点に基づくものになってくるのである。

たとえば、研究費をより確実に獲得するには冒険的な研究計画でないほうがよいとされる。それよりも短期間で確実に何らかの成果が得られ、着実に論文を生産していく研究が支持を得やすい。大学で行われる研究は本来、失敗をいとわず自由な発想で挑戦的な課題に取り組むものであると考えられてきたが、そうした研究を避けて安全策を志向するインセンティブが研究者に働く。

このような研究現場の保守化が、本来創造性を最大限に発揮すべき若手研究者に与える影響は大きい。大学院生を含む若手研究者は、ボスが獲得してきた研究費で作られるチームの一員になることも多いが、そこで冒険的な研究をすることはしばしば難しくなる。そのような厳しい状況下で研究実績を積んだとしても、研究費を獲得できる頃には若手ではなくなっている。資金獲得重視の影響は研究者の人材育成にも深刻な副作用をもたらすのである。

出版社などの学術産業も変化をみせている。従来は学術誌上で論文を出版する場合、同じ分野の研究者による審査（ピア・レビュー）を経て掲載可と認められる必要があった。だが、近年では数十万円程度の掲載料を支払えばゆるい審査でインターネット上に論文を公表できるオープンアクセス誌が増えている。

オープンアクセス誌の論文は無料で閲覧可能である。公的資金で得られた研究成果をオープンにするという理念は広く支持を得やすい。だが、多くの論文を掲載すればするほど出版社は利益が出るため、質が担保されない論文が増えているという批判もある。

一方で、研究者側にとっても論文を量産できれば資金を獲得しやすくなる。

資金循環を維持したい研究者にとっては、広報戦略も重要である。大学の支援の下、研究者がメディアに研究成果を発信する機会が増えてきた。メディアに取り上げられれば、大学の評価が高まり、研究者は自らの研究の意義が広く伝えられて企業や国からの資金を集めやすくなる。そのため、研究者はどうしても自らの研究成果を誇張しがちになる。メディアでの研究報告は、実は民間企業が行うプレスリリースと程度の差こそあれ同様といえる。

多くの科学者たちは、いまや経済的なインセンティブの網のなかで研究活動を行っている。それは科学者の生産性を上げるのに貢献してきたかもしれない。だが一方で、科学者の誠実さが失われ、科学の信頼性が損なわれてきた。

それでも終章で触れるように、二〇一〇年代にも大きな科学技術上のブレークスルーが相次ぎ、イノベーションが加速しているのは事実である。

過去数十年間の投資による研究開発の基盤にも支えられて、インパクトのある科学技術の成果が引き続き出てきている。だが、その陰で進行している科学技術のシステム総体の変化を見過ごしてはならないだろう。

イノベーション、資金中心主義、インセンティブ、生産性重視、定量的評価に基づく競争……。こうした経済的観点の論理が大学に浸透した結果、研究と人材育成という大学の本質的な役割が変質しつつある。それでも大学と産業界、そして政府が連携を深めながらイノベーションを創出していくことが求められる時代になってきたのである。

終　章

予測困難な時代へ

現代科学技術の七〇年

前章まで、第2次世界大戦以降二〇一〇年代初頭までの科学技術の歴史をたどってきた。この間、米国連邦政府は各時代の政治的環境の変化に応じて科学技術に投資し、その成果の活用とリスクの制御のための方策を講じてきた。その結果、現代科学技術は幅広い分野で発展し、全体的な構造や性格を変えてきている。その過程をあらためて振り返ってみよう。

東西冷戦が緊迫していた一九六〇年代までは、軍産複合体のなかで垂直統合型システムの巨大化・複雑化が進んだ時代であった。当時、科学技術は社会から超然とした権威をもち、政権や軍とつながりをもつエリート科学者が政治的発言力をもっていた。国家の観点から科学技術に期待されたのは主に軍事的・政治的な価値であり、経済的価値ではなかった。

この構図は一九六〇年代末からのデタント（東西緊張緩和）以降崩れていく。原子力や宇宙開発のような巨大科学技術が失速し、生命科学やエネルギー開発といった社会のニーズに近い分野が拡大し始めた。情報通信技術ではアーパネットやＵＮＩＸのような分散型・ネットワーク型のシステムが現れ始め、ＰＣの登場によりシステムのパーソナル化も始まる。同時に科学技術の不確実性やリスクへの認識が広がり、科学の権威も分散化・相対化していく。

一九七〇年代後半からの米国では、産業競争力強化が重要な政治課題となり、科学技術がもつ経済的価値が追求された。このため、産学官連携やプロパテント（特許重視）政策、知的所有権の国際的保護などが進められていく。一方で、一九八〇年代のレーガン政権による軍事部門の重視は、連邦政府の財政を圧迫した。

冷戦が終結すると、軍事科学技術が縮小し、科学技術はネットワーク化の傾向を強めた。民生部門では、インターネットが普及してグローバル化が進展するなか、技術開発の国際水平分業化とモジュール化、国際標準化が進む。また、デュアルユース推進政策も採用され、国境の壁と軍民の垣根が低くなった。とはいえ、気候変動問題や核融合のイーター計画にみられるように、国家間の国際調整にはつねに困難がつきまとう。

クリントン政権期には財政再建も主要な政治課題となった。費用対効果が追求され、エビデンスに基づく政策形成（EBPM）への流れができていく。学術的知見に基づく専門家の判断だけでなく実証的なデータが重視されるようになり、リスクへの対応でも手続き重視でなく定量的評価に基づく費用対効果の高い規制への志向が強まった。

7-1 現代科学技術の性格とその方向性

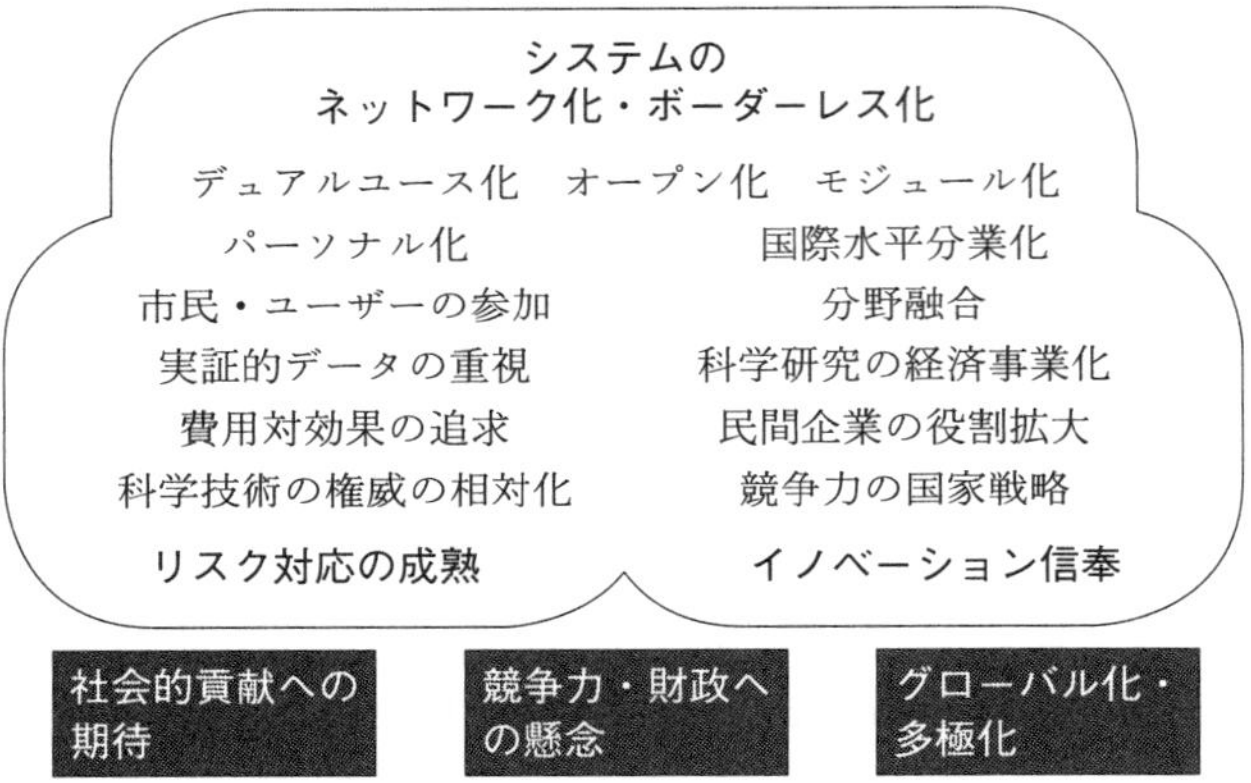

同時に、リスク対応の際に利害関係者や市民の関与も必要と考えられるようになる。科学技術の社会適合性が一段と重視されるようになったのである。一九九九年のブダペスト宣言にみられるように、世界的にも社会志向の科学技術の重要性が強調され、分野融合型の研究開発が拡大していく。

二一世紀に入ると、多極化が進む世界のなかで競争力を確保するため、米国は絶えざるイノベーションに活路を求め、産学官連携や人材育成の国家戦略を定める。このイノベーション重視の風潮のなかで、大学の科学研究も経済的活動としての色合いを強め、研究者や大学が定量的データで評価されるようになっていく。

さて、こうして歴史全体の流れを確認したうえで、現在の科学技術をその延長線上に位置づけ、その趨勢に関する視座を得たい。歴史的プロセスは現実にはきわめて複雑であり、安易な単純化は避けるべきだが、近年の科学技術の方向性に関わる主なポイントをおおまかに示せば7―1のようになる。

7―1では「システムのネットワーク化・ボーダーレス化」、「リスク対応の成熟」、「イノベーション信奉」の三つの基本的方向性を示し、より具体的な要素も配置してある。これらの方向性は今後変化するだろうが、それにはある程度時間を要するだろう。実際、本章でみていくように7―1の構図は二〇一〇年代の状況にもほぼ当てはまる。

現代科学技術を成り立たせているもの

7―1は本書の歴史記述の構成に沿って近年の科学技術の方向性とその要素を列記したものだが、これを一貫した観点から再構成して全体を捉えやすくできないだろうか。

現代科学技術は、そもそもこれまでどういった要因によって成り立ってきたかを考えてみよう。科学技術は、もちろん資金の供給がなければ成り立たないが、実際に科学技術が創り出され、それが社会のなかで機能する状況が成り立つためには、別の要因も必要である。そのような要因を整理すると7―2のようになる。

7―2をみると、社会のなかで科学技術が成り立つためには、以下の三つのことが必要である。

まず組織体制である。冷戦期の米国で巨大科学技術を支えていたのは集権的な軍産複合体だった。だがそれはデタントと冷戦終結を経て縮小し、一方で民間企業の役割が増して、国際水平分業によるオープンでネットワーク化された組織体制が拡大していく。その流れは、知的財産権の国際的保護や国際標準化など、制度面の後押しも受けた。また、産学連携の深化に加え、クリントン政権以降のデュアルユース推進政策により軍民や国境の垣根が低くなり、ネットワークが柔軟化・フラット化してきた。さらに、情報通信分野などではベンチャー企業や個人の役割が拡大してくる。そうした科学技術のパーソナル化の流れは、後述するように二〇一〇年代にはバイオテクノロジーにも広がっていく。

次に、正当性・有効性に対する信頼である。一九六〇年代半ばまでは科学技術への信頼は当然視されていた。だがその後は科学技術の不確実性が露となり、権威が相対化され、科学技術のリスクに客観的に向き合うことが必要になる。特にポスト冷戦期には、財政再建のために費用対効果の高い、結果重視の政策が求められるようになった。

7-2　現代科学技術を成り立たせているもの

過去に科学技術を成り立たせていた基礎的要因		
（組織体制の側面）	（正当性・信頼の側面）	（需要・期待の側面）
軍産複合体	科学者・技術者の権威	軍事力・国家威信
↓ 軍産複合体の縮小 民間企業の役割拡大 ↓ 知的財産の国際的保護 国際標準化 ↓	↓ 科学の不確実性の露呈 科学の権威の相対化 ↓ 財政再建の要請 費用対効果の追求 手続きから結果重視へ ↓	↓ 冷戦構造の崩壊 グローバル化・多極化 ↓ 社会的貢献への期待 ↓
近年の科学技術を成り立たせている重要な要因		
国際連携ネットワーク 産学・軍民の境界消失	リスク評価・EBPM 市民などの参画	競争力 イノベーション
（関連する要素） オープン化 モジュール化 デュアルユース化 パーソナル化	（関連する要素） 実証的データの重視 科学と政府の協働 社会的文脈への配慮	（関連する要素） 分野融合 民間企業の役割拡大 科学研究の経済事業化 研究者の定量的評価

このため、定量的リスク評価やEBPMのような、実証的データに基づく統計的、確率論的なアプローチが台頭してきた。ただしそれは科学と政府の協働を前提とするものであり、社会的文脈への配慮も必要とする。なお、本章でみるように二〇一〇年代にはあらゆるもののデジタルデータ化が進み、実証的データや統計学的な分析はさらに重要性を増してくる。

第三に、社会からの需要や期待である。社会からの需要や期待がなければ科学技術に持続的に資金が供給されない。冷戦期には科学技術は主に軍事力や国家威信の面で期待されたが、グローバル化や多極化が進む世界では競争力とイノベーションの源泉、そして社会課題の解決の手段として期待されるようになる。

科学技術に経済的・社会的価値の実現が期待されると、分野融合型の科学技術の重要性が増し、民間企業の役割が拡大してくる。その傾向は二〇一〇年代にはさらに加速する。以下でみていくが、情報通信技術とバイオテクノロジーが融合しながら進展することで、生命・情報・モノの境界の無効化が進み、大学や企業がめまぐるしいグローバル競争を繰り広げていく。そうしたなか、新しい科学技術のリスクも生じている。

AIと社会変革――第4次産業革命

二〇一〇年代に最も広く世界の人々の注目を集めた科学技術は、人工知能(AI)とその関連技術だろう。

AIが近い将来ほとんどの人間の雇用を奪ってしまうのではないか、二〇四五年にもAIが人間を総合的に超越し自律的に進化する「技術的特異点(シンギュラリティ)」が到来するのではないか、といった議論には、専門家に限らず誰もが強い関心を抱く。実際にAIが人間を超えるパフォーマンスを示すタスクが増え、雇用への影響も増大してきた。

AIの研究は一九五〇年代に始まったが、コンピュータの性能が低かったこともあって二〇〇〇年代までは限られた成果しか出ていなかった。ところが二〇一〇年代に入り、AIに学習能力をもたせる機械学習、特に人間の脳の仕組みを模した深層学習（ディープラーニング）の手法が実用化されると、驚嘆すべき快挙を成し遂げるようになる。非常に複雑な知的ゲームである囲碁で、AIが人間のトップ棋士を凌駕するのははるか先だろうと思われていたにもかかわらず、二〇一六年にそれが実現したことがAIの進化の速さを人々に印象づけた。

AIの応用範囲は金融、医療、製薬、製造、農業、流通、交通、警察・司法、教育、研究、マーケティング、組織管理など、ほとんどあらゆる経済社会活動、そして後述する軍事分野に及び、そのインパクトは計り知れない。AIは無限に広大なイノベーションのフィールドとなった。各国はAI分野での競争力確保に向けた国家戦略を作り、産学官連携や人材育成に注力する。研究者の多くは大学と企業を行き来して活躍し、産学の垣根を簡単に乗り越える。企業はすばやく国際提携に動き、軍事と民生の区別がつきにくい形で、ＡＩと他のあらゆる科学技術が融合しながら研究開発が進んでいる。

こうした点でＡＩは、本章で論じてきた近年の科学技術の方向性のうち「システムのネットワーク化・ボーダーレス化」や「イノベーション信奉」を先鋭化した形で具現しているといえよう。ＡＩと「リスク対応の成熟」との関係については後述する。

ところで、ＡＩが二〇一〇年代に社会変革の中心に躍り出た背景には、深層学習の実用化とコンピュータの計算能力の伸びに加え、ＡＩに学習させるデータの量が飛躍的に増大したことが大きい。モバイル機器やＳＮＳの普及拡大などで世界に存在するデータの量は急増し、二〇一〇年代初め頃からビッグデータという概念が普及し始めた。

ビッグデータという用語の安定した定義はないが、構造化されていない大量のデータの集合と捉えてよいだろう。ビッグデータの統計学的解析は、それ自体イノベーションの大きな源泉となったが、ＡＩを用いることでより高度な判断や知見を導くことができる。一方で、ＡＩの能力を高めるには質の高い大量のデータの確保こそが重要になる。そのため、あらゆる企業がデータの収集に力を入れるようになった。

近年第４次産業革命が論じられる際、ＡＩはその核となる技術に位置づけられるが、周辺の関連技術も重要である。量子コンピュータを含むハードウェアや、ＡＩの判断を基に環境と作用するロボット技術、センサーを取りつけたあらゆるモノをインターネットに接続しデータを送受信するモノのインターネット（IoT）が鍵を握る。さらに、ナノテクノロジーやバイオテクノロジーなどによるイノベーションも含めて第4次産業革命が捉えられることもある。これらの幅広い技術による総合的な社会の革新は、たしかに潜在的に新しい産業革命と呼ばれ得るだろう。

一方で、AIの興隆が、いわゆる第3次産業革命の中核的な技術とされるコンピュータの量的な性能向上を前提としたことを考えれば、第4次産業革命は第3次産業革命の延長線上にあるともいえる。AIの学習用データの収集を容易にしたのがインターネットであったことを考えると、二つの産業革命の連続性はさらに際立つ。第3次・第4次産業革命の概念をどう捉えるべきかの評価は、もう少し事態の推移をみてからなされるべきだろう。

AIをめぐる軍事的・政治的懸念

AIはデュアルユース技術であり、世界各国の軍がAIの研究開発への投資を拡大してきた。AIは、諜報、サイバーセキュリティから兵士の訓練、作戦立案、そして自律型システムの開発に至るまで幅広い軍事的応用があり、きわめて大きな戦略的重要性をもつ。

この分野では米国とともに中国が世界を主導している。特に中国は「軍民融合」、すなわちデュアルユース推進政策の下、民生部門の技術の急速な進化（海外の企業や大学からの技術導入を含む）を軍事部門に取り入れる態勢を整え、AIの高いデュアルユース性を活かした開発戦略をとってきた。米国も、特に二〇一七年にドナルド・トランプ政権になってから軍事目的のAIの研究開発を一層重視する。

近年特に国際的に議論されてきたのは、自律型致死兵器システム（LAWS）、すなわち戦場で敵を自ら特定し攻撃するドローンやロボットの開発の是非である。国連などの場で多くの国がそれに反対し、NGOや科学者グループからの圧力もあるが、明確な規制は難しい。核兵器と似て、本質的な国益がからむ科学技術についての国際的調整は容易ではない。

軍事利用以外では、AIが社会の監視に用いられることへの懸念もある。中国を先頭に、顔認証が可能な監視カメラなどがネットワーク化され、犯罪者などの発見が容易になった。こうしたAIの利用は、特に中国などでは社会の統制と抑圧につながる。だが一方でそれは膨大なデータをもとに社会的リスクを効率的に管理する手段ともなる。

ＡＩによる社会的リスクの管理は、さらに人々の日常生活の隅々まで及ぶようになった。中国政府は二〇一四年、民間企業との連携の下、国民一人ひとりについて詳細な個人情報をもとにＡＩで信用度スコアを付与するシステムの構築を始めた。信用度スコアには所得や職歴、犯罪歴や過去の問題行動、電子決済の履歴、インターネット上での交友関係や言動などが反映されるが、そうして決まったスコアに応じて融資の条件や保険料の算定をはじめ、あらゆる社会活動をする際の待遇に差が出てくる。そのため国民はみなスコアを上げるため従順に振る舞うようになる。

信用度スコアのシステムは、プライバシーの問題をはじめ個人の自由の抑圧、社会的格差の助長など、さまざまな批判の対象となり得る。他方でそれは、あらゆる公的・私的なサービスの提供に際して効率的なリスク管理の手段を提供する。ＡＩは、有限な財政資源の下、費用対効果を重視しつつ実証的データに基づいてリスクに対応するという現代科学技術の方向性を、従来考えられなかったレベルで実現する手段にもなったのである。

中国の信用度スコア構築では、官民の関係のあり方が模索されるなか、民間企業の役割が大きくなってきたが、米国でもグーグルやアマゾンなど民間企業が個人データの最大限の活用をめざしている。連邦政府や自治体も多種多様なデータの整備・活用・公開を進め、それを民間企業などが活用できるようにしており、また軍は当然つねに広範な諜報活動をしている。

欧州では、個人情報保護を新たな枠組みで担保する一般データ保護規則（GDPR）の制定（二〇一六年）などの動きもあった。しかし、官民を挙げたデータ重視の世界的な流れは止まらない。データの利用価値は官民の垣根や国境を越えてさまざまなデータが統合されることで大きく向上するからである。ここでも科学技術の形態のネットワーク化・ボーダーレス化の流れの加速をみてとることができる。

実証的データ万能主義の時代

実証的データの重視は、経済的・社会的サービスに関わるリスクだけでなく、科学技術に関わるリスクへの対応でも一層顕著になってきた。第5章でみたように、化学物質や医薬品などのリスク評価では以前から確率論的な定量化が進んでいたが、近年データの質と量が上がり、解析技術も向上して、実証的データ重視の流れが一層進んだ。

自然災害のリスク対応でも、データの比重が増してきた。きめ細かく膨大なデータが利用可能になったことで気象モデルが精密化し、集中豪雨や台風の進路予想などの精度が著しく高まった。地震のリスクについても、微小地震のデータをはじめ多様なデータを分析して地震予測を行う帰納的なアプローチが注目を集める。

そもそもリスクへの対応は、プロセスよりも結果が重視されがちな領域である。つまり、地震のメカニズムがはっきりわからなくても地震がより正確に予測できれば価値があるし、犯罪者の心理を解明するよりも犯罪を実際に減少させるほうが社会的には優先される。データ重視、結果重視の傾向は今後も変わる要因が見当たらない。

だが、リスク対応の背後にある理論や思考のプロセスが軽視されてよいわけではないだろう。データに依存し過ぎることの危険性は大きい。定量的データに基づく分析は、一見正確で厳密なようにみえても、実際には数多くの仮定や推定を経たものであることが多く、不確実性やバイアスをともなう。またAI、特に深層学習による解析の過程は一般に透明性が低く、その結果に恣意性も入り込みやすい。

とはいえ、現実には科学技術のリスクへの対応やEBPMだけでなく個々の人々までもが定量的に評価され管理される時代がみえてきた。人々がますますデータにより評価され報償される社会が現実味を帯びてきたのである。

ここで想い起こされるのは、第6章で扱った二〇〇〇年代に入ってからの科学研究の定量化・経済事業化である。研究者や大学は経済の論理に必ずしもなじまない。そこに定量的評価が適用されたことで歪みが生じてきた。国民の信用度スコアのようなシステムも同様の副作用を起こすだろう。AIは、まさにわれわれの社会やわれわれ自身のふるまいをも変えてしまいかねないパワーとリスクをもつ科学技術だといえる。

新しいバイオテクノロジー

二〇一〇年代に大きな展開をみせた科学技術としては、AIと並んでバイオテクノロジーがある。バイオテクノロジーもまた、将来に向けて計り知れない社会的インパクトをもつ。

二〇一二年、米国のジェニファー・ダウドナとスウェーデンのエマニュエル・シャルパンティエはゲノム編集の新しい方式CRISPR-Cas9を開発した。これにより、従来の遺伝子組み換え技術よりはるかに簡便、自在に生物のゲノムの塩基配列の改変が可能になった。ゲノムの標的部位を思い通りに改変するゲノム編集の方式は他にもある。だが特に安価、迅速で汎用性の高いCRISPR-Cas9はまたたく間に世界中に普及し、各国の研究者により改良が加えられて、生命科学の研究とその応用のペースは急加速した。

この時期、各国政府もバイオテクノロジーの経済的・社会的可能性に着目していた。二〇〇九年にOECD（経済協力開発機構）は「二〇三〇年へのバイオエコノミー」という報告書を出している。この報告書でOECDは、バイオテクノロジーを医療や農業だけでなく、バイオ燃料やバイオ素材の開発などエネルギー・工業分野や、微生物による有害化学物質の分解など環境分野にも広く応用し、長期的に持続可能な成長を実現していく考え方を強調した。二〇一五年に国連サミットで合意された「持続可能な開発目標（SDGs）」もバイオエコノミーを重要な手段に位置づけ、各国も関連の政策を打ち出している。

ゲノム編集とともに、イノベーションの原動力として二〇一〇年代に台頭したのが合成生物学である。合成生物学は、生物の機能の一部を人工的に生成し、それを分析することで生命現象への理解を深めることをめざす。そのような工学的なアプローチを実践する過程では、有用物質を生産する微生物などを設計するための知見も得られるので、合成生物学はバイオエコノミー実現の基幹的技術となることも期待されている。

合成生物学の目立つ成果としては、たとえば二〇一〇年に米国のクレイグ・ベンターらが人工のゲノムを合成しそれをマイコプラズマ菌に導入して増殖させたことが挙げられる。まさに生物個体のデザインを成し遂げたのである。二〇一七年には、米国のフロイド・ロムズバーグらが自然界にある四種類の塩基とは異なる人工塩基を含むDNAを大腸菌に導入し、新たなタンパク質を生成させたという画期的な報告もなされた。このような従来の常識を覆す展開をみせる合成生物学は、ゲノム編集を活用することで一層加速している。

ところで、ゲノム編集はゲノム書き換えの効率を抜本的に引き上げたが、一方でゲノムを読み取る技術も急速に進化してきた。ヒトゲノムの読み取りコストは二〇一〇年代後半には一〇〇〇ドル程度の水準まで低下している。このため世界各国で、多人数のヒトゲノムやその他の生体情報をデータベース化し、それを統計的に解析して疾病《しっぺい》の原因遺伝子の解明を進めたり、個人差に基づいて最適な治療を選択する個別化医療を行ったりする取り組みが本格化した。

こうしたデジタル技術と生命科学との融合分野にはグーグルやIBMなどの巨大企業や、情報通信系のベンチャー企業も続々と参入し、ネットワーク型のイノベーションが非常な速度で進み始めた。二〇一〇年代に人類は、生命体の理解と生命体を操作する技術を各段に高め、それをイノベーションの新たなフロンティアにしたのである。

生命科学の規制の困難

バイオテクノロジーとその社会への応用の展望は二〇一〇年代に大きく拓かれたが、それは同時に新しいリスクと倫理的問題を引き起こしている。

ゲノム編集は、農業や医療などですでに数多くの成果を生み出しているが、規制の必要はないのだろうか。

農業では、従来の遺伝子組み換え作物よりもさらに多様な付加価値をもつ作物が開発されているが、各国の対応は分かれている。欧州司法裁判所は二〇一八年、ゲノム編集作物にも遺伝子組み換え作物と同様の規制をすべきとの判断を示した。一方米国では同年、農務省がゲノム編集作物を規制の対象としない方針を決めている。

なぜ米国がそのような方針を定めたのか。ある生物のゲノムに遺伝子組み換え技術を適用する場合には異なる種のDNA断片を導入することが多く、それは自然には起こりえない遺伝子改変である。それに対し、ゲノム編集技術の場合には特定の塩基配列をピンポイントで切断ないし置換するので、自然界で絶えず起きている変異や伝統的な交配による品種改良と本質的に変わりがない、という考え方をとったためである。加えて、農業分野でもグローバル競争が激化するなか、イノベーションの負担になる規制を避けた面もあるだろう。

医療では、ゲノム編集は幅広く研究目的で用いられ、臨床段階でもすでにエイズや白血病などの治療に用いられている。これは患者の体細胞を体外に出し、ゲノム編集を施したうえで体内に戻すなどの処置を行うもので、ゲノムの改変が子孫に受け継がれることはない。したがってこうした処置に関しては、安全面での十分な配慮は必要だが、倫理的な面から問題にされることはあまりない。

一方で、たとえばハンチントン病のような遺伝性疾患については、受精卵や生殖細胞のゲノムを編集することで病気が次世代に伝わるのを防ぐことができる可能性がある。ただ、その場合には改変された遺伝子が子孫に受け継がれることへの倫理的な懸念が強い。そのためヒト受精卵にゲノム編集を行うことは控えられていた。

ところが二〇一五年、中国でヒト受精卵へのゲノム編集の実験が世界で初めて行われた。その後も中国では繰り返し実験が行われ、ついに二〇一八年一一月、南方科技大学の賀建奎が世界で初めてゲノム編集ベビーを誕生させたと発表する。これに対しては倫理的な観点から世界中で非難が巻き起こった。一方、米国でも二〇一七年、遺伝性疾患を予防する方法が他にない場合に限りヒト受精卵のゲノム編集による治療を将来的に容認する方向性が学界側から示され、その後実験も実際に開始されている。

このような経緯をみると、医療でも国際競争が激化するなか、保守的な規制を行うわけにはいかず、国際的に足並みをそろえた規制を実現することも容易でない。

ゲノム編集がデュアルユース性をもつことにも留意が必要である。ゲノム編集や合成生物学の知見を用いれば毒性の強い細菌やウイルスを開発するスピードは一気に加速する。開発費用も少なく、テロリストにとっては好都合である。一九七一年に国連で採択された生物兵器禁止条約では国家が生物兵器を保持することは禁じられているが、核兵器などと違ってテロリストによるゲノム編集の悪用を阻止することは難しい。

さらに、科学者ではない一般の人々がゲノム編集などの実験を行うことも容易になった。市販のキットを購入して自宅や共同スペースで実験を行い、時には独自のイノベーションをめざす。このいわゆるＤＩＹ（Do-It-Yourself）バイオの動きは近年急速に広がり、自然には存在しない生物が至る所で作られ、あるいは自らの身体に遺伝子治療や肉体改造を試みる人々も出てきた。こうした活動にはリスクもあるが、国家による規制も容易ではない。

バイオテクノロジーは、デュアルユース技術であるとともにパーソナル化の傾向をみせており、なおかつ国家の競争力戦略の重要な柱という期待を背負っているため、国家がそれを適切に制御することはこれまでにない難問となっている。

以上で焦点を当ててきたゲノム編集関連以外にも、再生医療や脳科学をはじめ驚くべき進展を見せている領域は多い。バイオテクノロジーの二〇一〇年代の進展は、AI関連分野とともに、新しい科学技術と国家の関係を要請しているように思える。

技術決定論と科学技術の行方

二〇一〇年代に驚嘆すべき展開をみせた情報通信技術やバイオテクノロジーは、本章の初めで論じた現代科学技術の方向性の多くを継承・加速しているように思える。ただし、一つ新たな傾向として目立つのは、従来型の科学技術のリスクとは異なる新しいタイプのリスクが現れていることである。AIを用いた社会監視や人々のスコアリング、テロリストや個人による生命体の自在な操作などが挙げられるだろう。

過去にも、個別に特異的な特徴をもつ科学技術のリスクは存在した。具体的には核兵器、原子力発電、気候変動などが挙げられるだろう。これらのリスクに、人類は未だ根本的な対応方策を整えることはできていないが、可能な範囲の対策は講じてきた。しかし、AIや合成生物学などによる新たなリスクは、社会秩序や人間存在を根本的に変えうる性格をもつだけに、対応はさらに難しくなるだろう。

第2次世界大戦後、国家は科学技術を先導する役割を担うとともに、次第に巨大化し複雑化するそのパワーとリスクに対応してきた。しかし今後、国家がこれまで育ててきた現代科学技術の存在はさらに巨大化し、両者間の関係が根本的に変わっていくのではないかとも感じられる。最後にこの問題について一つの議論を提示したい。

本質的に、科学技術の進歩を人間が止めたり速めたり自在にコントロールしたりすることはできるのだろうか。それとも科学技術は自律的に進歩していくものなのか。この問いは、技術史や技術哲学の分野でこれまで議論されてきた最も根本的な命題の一つである。科学技術はそもそも人間が創り出すものであり、人間は科学技術を制御できるはずだが、歴史的に科学技術が強力になるなかで、人間や社会が科学技術に逆に駆動されているようにもみえる。果たして人間は本当に科学技術の主人だといえるのか。

科学技術が自律性をもって進歩し社会を駆動しているという見方は「技術決定論」と呼ばれる。この見方は、冷戦型科学技術への懐疑と反発がみられた一九六〇年代後半から八〇年代前半にかけて盛んに議論された。

一方、一九八〇年代後半以降には、科学技術はあくまで社会のなかのさまざまな組織や個人の関わり合いのなかで生み出されるという見方が主流となった。技術決定論を否定するこの立場は「技術の社会構成主義」と呼ばれる。実際に、ある特定の技術の歴史を調べてみれば、その開発者、ユーザー、彼らをとりまく経済的・社会的条件などの複雑で予測困難な社会的プロセスによってそれが進化してきたことがわかるだろう。

たとえばインターネットの歴史を振り返れば、その基盤技術はもともとコミュニケーションそのものを目的に開発されたわけではない。まだ冷戦期の一九六〇年代、貴重なコンピュータの計算資源を研究機関間で遠隔的に融通し合うタイムシェアリング・システムを実現するために開発された。だがその後はコミュニケーションの社会的需要の増大に応える手段として発展していく。社会的環境や需要が科学技術を形作る大きな力であることは間違いない。

では技術決定論は完全な誤りなのかというと、そうではないという立場も根強い。コンピュータの計算能力の指数関数的な伸びや、次々と現れる軽量高機能な素材、人類がもつ交通手段の拡大と高性能化など、あたかも科学技術の自律的進展が社会変化のペースを規定しているようにみえる現象もある。身近な場面では、今世紀に入って一気に広まったSNSが否応なしにわれわれの生活空間を変えてきた。

近年しばしば指摘されるのは、技術決定論はミクロなレベルでは否定されるがマクロなレベルでは一定の妥当性をもつということである。個別の技術の成立・展開の過程をみると、技術は社会的に構成されているようにみえる。しかし大きな時間的・空間的スケールでみると、技術は自律的に進化し社会を駆動しているようにみえる。このような関係は、たとえば気体のふるまいになぞらえてイメージできる。個々の気体分子をみれば無秩序にブラウン運動をしているが、気体全体としてみればボイルの法則に従う。社会現象であれ自然現象であれ、観察するスケールによって見え方は異なるのである。

新しいリスクへの対応は可能か

しかし複雑な社会的環境のなかで人間が自らの意思で創り上げる個々の科学技術が、なぜマクロな視点では自律性を獲得するようにみえるのか。この点に関する定説はまだない。だが、一つの有力な説明は恒常的な軍事・経済面の競争が科学技術を一定の方向に向かわせているというものである。

軍事的・経済的競争の下に置かれている個人や企業、国家は、その競争で優位をもたらす技術があればそれを採用せざるをえない。何らかの理由でその技術を採用せず、競争相手が採用すれば競争に敗れてしまうからである。また、競争相手が優位性の源泉となる技術を開発する前に自分が開発しなければ、やはり競争に敗れてしまう。こうして科学技術は全体として軍事的・経済的競争に適合した形に進化していく。科学技術のマクロな方向性は決まっており、そのため科学技術が事実上自律性を獲得しているのである。

この考え方によれば、今後の世界で軍事的・経済的競争の環境が続くならば、科学技術は個人や企業、国家の意思に関わらずそのパワーとリスクを拡大していくだろう。もしその軍事的・経済的競争がそれほど激化しないならば、今後も国家が科学技術を制御していくことができるかもしれない。だがそのように楽観すべき合理的理由はない。では、いま明らかになりつつある新しいタイプの科学技術のリスクにわれわれはどのように向き合っていけばよいのだろうか。

この問いに対する答えをここで示すことはできない。だが、本書で論じてきた現代科学技術の性格と方向性を踏まえたとき、一つ言えることがある。それは、国家だけの力で今後も科学技術をコントロールしていこうとする考え方には無理があるということである。

7―1をあらためてみてみよう。近年の科学技術の特徴的要素のほとんどが、国家による制御能力を限定する方向性のものである。企業や研究者による国際水平分業が進んで、システムがネットワーク化・ボーダーレス化している。国家財政が厳しくなり、リスク対応に際しても費用対効果が重視されている。民間企業が主体となるイノベーションが何よりも重視されている。

7―2をみても、国家が科学技術をコントロールする基盤はさまざまな面ですでに崩れている。過去には軍産複合体が科学技術を支え、政府に連なる科学者の権威が科学技術の正当性・信頼性を保障し、軍事的・政治的な需要が科学技術を牽引していた時代があった。そのため、国家が科学技術を規制しその方向性を左右することが相当程度可能だった。だが、現在ではそうした前提がすべて消失している。

いま、科学技術は国家による先導と統制よりもむしろ、不確実性と変化と多様性を前提とした経済の論理によって形作られる時代になっているということだろう。そうであるならば今後は国家が科学技術をコントロールするというよりも、国家は他のあらゆるステークホルダーと協働し、その力の及ぶ範囲で経済社会と科学技術の予測困難な進化の調整を図るという姿勢をとっていくことになるだろう。

第2次世界大戦以降これまで国家が継続的に資源を投入し成長させてきた現代科学技術は、いま逆に国家の側の意識と体制の変化を要請しているようにもみえる。

あとがき

現代科学技術史の全体像を示すことは三つの点で難しい。

第一に、カバーすべき科学技術の分野が多岐にわたる。

第二に、科学技術そのものの歴史を示すだけでなく、科学技術を政治・軍事、経済、社会、文化など広範な歴史的文脈のなかで捉える必要がある。

第三に、科学技術に関わる歴史過程はすべての国で共通ではなく、国により異なっている部分がある。


このため、包括的な科学技術の現代史を書くには幅広い分野の専門家による膨大な作業が必要になる。仮にそれが成就すれば、歴史学的には大変価値の高いものになるだろう。だが同時にその成果は浩瀚《こうかん》かつ多様なものとなるがゆえに、多くの人にとってアクセスしにくいものにもなってしまうだろう。

本書では、現代科学技術の歴史像を端的に提示することを目標として、個別的な内容をまんべんなく盛り込むのではなく、現代科学技術の性格や構造の変化を論じるという方針をとった。さらに、記述の対象をほぼ米国に絞り、主に国家との関係から科学技術をみていくことで、構図をやや単純化し歴史のマクロな流れを明らかにすることに重点を置いた。そのような全体的歴史像を示すことが、科学技術と社会の行方に関心が高まるいま必要とされている、社会全体による議論のために役立つだろうとも考えたからである。

歴史を通観していくにあたっては大きく三つのテーマを設定した。①システムと組織体制、②リスクと権威・正当性、③イノベーションと科学研究である。これらのテーマはそれぞれ軍事・外交史、STS（科学技術社会論）、経済史・イノベーション論の各学問分野との関わりが深い。

ところが、これらの学問分野の間の相互作用は従来限られてきた。研究対象は重複しているが、それぞれが基本的に異なる学問的問いに関心を寄せており、互いの意思疎通に利点をあまり見出せていないからである。これは日本だけでなく、世界的な傾向である。

筆者は、もともとの専攻は科学技術史であったが、のちに科学技術政策研究にも取り組み、STSやイノベーション論にも触れるようになって、その過程で分野間の学問的アプローチや価値観の違いに大変戸惑った経験がある。いまではそれぞれの分野固有の文化を理解するようになったが、この経験を基に本書では各分野の視点をあわせて考えようと試みたところである。

ところで、本書では個別の科学技術の展開についても必要な範囲で説明してきたが、その幅広い内容を整理するにあたってはインターネット上のリソースがますます有用になってきていることを痛感した。

たとえば、第5章で紹介したデラニー条項は、国内のほとんどの文献で一九九六年に廃止されたと記されている。ところが、米国の文献をみるとそれと矛盾する記述が見つかり、さらに集中的に調べていくと同条項は廃止されてはいないことがはっきりする。デジタル化が進む世界ではこうした事実確認も容易化しているが、同時に情報量の増大に研究者としてどう対応していくかも難しい課題になってきている感がある。最終的に本書が全体としてバランスのとれた、適切な歴史記述となっているかどうか、読者諸氏の叱正を乞いたい。

さて、科学技術の現代史について、さらに総合的な全体像を描いていくためには何をすべきだろうか。

まず必要なのは、民間部門の科学技術や大学での科学研究の歴史的な流れを統合して考えていくことだろう。米国以外の国々に視野を広げたときに現代科学技術の全体像がどの程度変わってくるかの検討も必要であるし、世界のさまざまな人々が科学技術をどう捉え、科学技術からどのように影響を受けてきたのかといった、文化的な側面も重要である。さらに、本書では第2次世界大戦以降に焦点を当てて現代科学技術の成り立ちを描いてきたが、それ以前の時代との連続性をもう少し重視して考えていくことも必要だろう。こうした点を含め、現代科学技術をどうみるかという課題には今後取り組んでいきたい。

本書の執筆に際しては、多くの方々から貴重なご示唆を頂いた。特に、草稿へのコメントを下さった早稲田大学の綾部広則教授、立命館大学の山崎文徳准教授、関西大学の杉本舞准教授に感謝申し上げる。また、本書の重要なアイデアの一部は、一般財団法人新技術振興渡辺記念会から頂いた特別調査研究助成による研究を通して得られたものであり、ここに深く謝意を表したい。

本書の企画と出版にあたり、前著に続いて中央公論新社の白戸直人氏に編集をお引き受け頂けたことは幸甚であった。大小の問題が、同氏にご相談するといつも一つひとつ氷解していった。妻悠子がまだ粗い段階の草稿を読んでくれ、また重要なタイミングで励ましてくれたことも助かった。本書をまとめるまでの道のりは思っていたよりも長いものとなったが、これまでさまざまな場でお世話になった方々と関わるなかで生まれてきた現代科学技術に対する考えを形にすることができたことを幸いと考えている。

二〇一九年四月

佐藤　靖

ゲイリー・P. ピサノ（池村千秋訳）『サイエンス・ビジネスの挑戦―バイオ産業の失敗の本質を検証する』、日経BP社、2008年。
Bruce Alberts, et al., "Rescuing US biomedical research from its systemic flaws," *Proceedings of the National Academy of Sciences* 111:16（April 22, 2014）, pp. 5773-5777.
Council on Competitiveness, "Innovate America: Thriving in a world of challenge and change," 2004.
Marc A. Edwards and Siddhartha Roy, "Academic Research in the 21st Century: Maintaining Scientific Integrity in a Climate of Perverse Incentives and Hypercompetition," *Environmental Engineering Science* 34:1（2017）, pp. 51-61.
National Academy of Sciences, et al., *Rising Above the Gathering Storm: Energizing and Employing America for a Brighter Economic Future*, National Academies Press, 2007.
Paula Stephan, *How Economics Shapes Science*, Harvard University Press, 2012.

終章関連

NHK「ゲノム編集」取材班『ゲノム編集の衝撃―「神の領域」に迫るテクノロジー』、NHK出版、2016年。

キャシー・オニール（久保尚子訳）『あなたを支配し、社会を破壊するAI・ビッグデータの罠』、インターシフト、2018年。

国立国会図書館調査及び立法考査局編『ライフサイエンスのフロンティア―研究開発の動向と生命倫理―：科学技術に関する調査プロジェクト報告書』、国立国会図書館、2016年。

国立国会図書館調査及び立法考査局編『人工知能・ロボットと労働・雇用をめぐる視点：科学技術に関する調査プロジェクト報告書』、国立国会図書館、2018年。

須田桃子『合成生物学の衝撃』、文藝春秋、2018年。

福田雅樹他編著『AIがつなげる社会―AIネットワーク時代の法・政策』、弘文堂、2017年。

Allan Dafoe, "On Technological Determinism: A Typology, Scope Conditions, and a Mechanism," *Science, Technology, & Human Values* 40:6（2015）, pp. 1-30.

Merritt Roe Smith and Leo Marx（eds.）, *Does Technology Drive History?: The Dilemma of Technological Determinism*, MIT Press, 1994.

Langdon Winner, *Autonomous Technology: Technics-out-of-Control as a Theme in Political Thought*, MIT Press, 1977.

吉岡斉「軍事・機微技術と日米関係」、中山茂他編『[通史]日本の科学技術 5-I 国際期 1980-1995』、学陽書房、1999年、157-177頁。
Victor K. McElheny, *Drawing the Map of Life: Inside the Human Genome Project*, Basic Books, 2010.

第5章関連

有本建男・佐藤靖・松尾敬子・吉川弘之『科学的助言—21世紀の科学技術と政策形成』、東京大学出版会、2016年。

石原孝二「リスク分析と社会—リスク評価・マネジメント・コミュニケーションの倫理学」、『思想』963号、2004年7月、82-101頁。

鬼頭昭雄『変わりゆく気候—気象のしくみと温暖化』、NHK 出版、2017年。

マイケル・ギボンズ編著（小林信一監訳）『現代社会と知の創造—モード論とは何か』、丸善、1997年。

小林傳司『トランス・サイエンスの時代—科学技術と社会をつなぐ』、NTT 出版、2007年。

城山英明『科学技術と政治』、ミネルヴァ書房、2018年。

竹内敬二『地球温暖化の政治学』、朝日新聞社、1998年。

田辺智子「米国90年代の行政改革」、『レファレンス』53巻12号、2003年12月、30-46頁。

津田敏秀『医学的根拠とは何か』、岩波書店、2013年。

橋本毅彦編『安全基準はどのようにできてきたか』、東京大学出版会、2017年。

平川秀幸『科学は誰のものか—社会の側から問い直す』、日本放送出版協会、2010年。

藤垣裕子編『科学技術社会論の技法』、東京大学出版会、2005年。

ウルリヒ・ベック（東廉・伊藤美登里訳）『危険社会—新しい近代への道』、法政大学出版局、1998年。

松本三和夫『知の失敗と社会—科学技術はなぜ社会にとって問題か』、岩波書店、2002年。

村上道夫他『基準値のからくり—安全はこうして数字になった』、講談社、2014年。

Silvio O. Funtowicz and Jerome R. Ravetz, "Science for the Post-Normal Age," *Futures* 25:7（1993）, pp.739-755.

Richard A. Merrill, "Food Safety Regulation: Reforming the Delaney Clause," *Annual Review of Public Health* 18（1997）, pp.313-340.
U.S. House of Representatives Committee on Science, "Unlocking Our Future: Toward a New National Science Policy," 1998.

第6章関連

有田正規『科学の困ったウラ事情』、岩波書店、2016年。

隠岐さや香「「有用な科学」とイノベーションの概念史」、中島秀人編『岩波講座 現代 ポスト冷戦時代の科学／技術』、岩波書店、2017年、67-90頁。

Zuoyue Wang, *In Sputnik's Shadow: The Presidents's Science Advisory Committee and Cold War America*, Rutgers University Press, 2008.
Alvin M. Weinberg, "Science and Trans-Science," *Minerva* 10:2 (1972), pp. 209-222.

第３章関連

上山隆大『アカデミック・キャピタリズムを超えて―アメリカの大学と科学研究の現在』、NTT 出版、2010年。

上山明博『プロパテント・ウォーズ―国際特許戦争の舞台裏』、文藝春秋、2000年。

國谷実編『日米科学技術摩擦をめぐって―ジャパン・アズ・ナンバーワンだった頃』、科学技術国際交流センター、2014年。

デレック・ボック（宮田由紀夫訳）『商業化する大学』、玉川大学出版部、2004年。

宮田由紀夫『アメリカの産学連携―日本は何を学ぶべきか』、東洋経済新報社、2002年。

Elizabeth Popp Berman, *Creating the Market University: How Academic Science Became an Economic Engine*, Princeton University Press, 2011.

Roger L. Geiger, *Knowledge and Money: Research Universities and the Paradox of the Marketplace*, Stanford University Press, 2004.

David H. Guston and Kenneth Keniston (eds.), *The Fragile Contract: University Science and the Federal Government*, MIT Press, 1994.

第４章関連

青木昌彦・安藤晴彦編『モジュール化―新しい産業アーキテクチャの本質』、東洋経済新報社、2002年。

綾部広則「高エネルギー物理（HEP）―SSC 計画を例として―」、文部科学省科学技術政策研究所第２研究グループ『科学技術国際協力の現状』（調査資料101）、2003年、2・50-2・60頁。

メアリー・カルドー（芝生瑞和・柴田郁子訳）『兵器と文明―そのバロック的現在の退廃』、技術と人間、1986年。

国立国会図書館調査及び立法考査局編『冷戦後の科学技術政策の変容：科学技術に関する調査プロジェクト2016報告書』、国立国会図書館、2017年。

西川純子編『冷戦後のアメリカ軍需産業―転換と多様化への模索』、日本経済評論社、1997年。

日本国際政治学会編『国際政治』第179号「科学技術と現代国際関係」、2015年。

村山裕三『アメリカの経済安全保障戦略―軍事偏重からの転換と日米摩擦』、PHP 研究所、1996年。

山崎文徳「民生技術に対する軍事技術の影響についての技術論的考察―技術の利用・取得・移転をめぐって―」、『経営研究』、第59巻４号、2009年、279-301頁。

第1章関連

佐藤靖『NASAを築いた人と技術―巨大システム開発の技術文化』、東京大学出版会、2007年。

中沢志保『オッペンハイマー――原爆の父はなぜ水爆開発に反対したか』、中央公論社、1995年。

山崎正勝・日野川静枝編著『増補 原爆はこうして開発された』、青木書店、1997年。

Brian Balogh, *Chain Reaction: Expert debate and public participation in American commercial nuclear power, 1945-1975*, Cambridge University Press, 1991.

Thomas P. Hughes, *Rescuing Prometheus*, Vintage Books, 1998.

Daniel Lee Kleinman, *Politics on the Endless Frontier: Postwar Research Policy in the United States*, Duke University Press, 1995.

Walter A. McDougall, ...*The Heavens and the Earth: A Political History of the Space Age*, Basic Books, 1985.

Richard Rhodes, *The Making of the Atomic Bomb*, Simon & Schuster, 1986.

U.S. Government, et al., *The Atomic Energy Commission and the History of Nuclear Energy: Official Histories from the Department of Energy*, 2017.

G. Pascal Zachary, *Endless Frontier: Vannevar Bush, Engineer of the American Century*, Free Press, 1997.

James Walker, Lewis Bernstein, and Sharon Lang, *Seize the High Ground: The U.S. Army in Space and Missile Defense*, U.S. Army Space and Missile Defense Command, 2003.

第2章関連

J. アバテ（大森義行・吉田晴代訳）『インターネットをつくる』、北海道大学図書刊行会、2002年。

喜多千草『インターネットの思想史』、青土社、2003年。

Dian Olson Belanger, *Enabling American Innovation: Engineering and the National Science Foundation*, Purdue University Press, 1998.

Sheila Jasanoff, *The Fifth Branch: Science Advisers as Policymakers*, Harvard University Press, 1990.

Jennifer S. Light, *From Warfare to Welfare: Defense Intellectuals and Urban Problems in Cold War America*, Johns Hopkins University Press, 2003.

Andrew L. Russell, "'Rough Consensus and Running Code' and the Internet-OSI Standards War," *IEEE Annals of the history of Computing* 28:3 (2006), pp. 48-61.

Jathan Sadowski, "Office of Technology Assessment: History, implementation, and participatory critique," *Technology in Society* 42 (2015), pp. 9-20.

H. Guyford Stever, "Whither the NSF?- The Higher Derivatives," *Science* 189 (25 July 1975), pp. 264-267.

参考文献

通史など

小林信一「科学技術・イノベーション政策のために」連載、『科学』87巻11号（2017年11月）〜。

佐藤靖『NASA—宇宙開発の60年』、中央公論新社、2014年。

ポール・E. セルージ（宇田理・高橋清美監訳）『モダン・コンピューティングの歴史』、未來社、2008年。

D. ディクソン（里深文彦監訳）『戦後アメリカと科学政策—科学超大国の政治構造』、同文館出版、1988年。

中山茂『科学技術の国際競争力—アメリカと日本 相剋の半世紀』、朝日新聞社、2006年。

宮田由紀夫『アメリカのイノベーション政策』、昭和堂、2011年。

村山裕三『テクノシステム転換の戦略—産官学連携への道筋』、日本放送出版協会、2000年。

Martin Campbell-Kelly, et al., *Computer: A History of the Information Machine, 3rd edition*, Westview Press, 2013.

Sylvia Kraemer, *Science and Technology Policy in the United States: Open Systems in Action*, Rutgers University Press, 2006.

Philip Mirowski, *Science-Mart: Privatizing American Science*, Harvard University Press, 2011.

Homer A. Neal, et al., *Beyond Sputnik: U.S. Science Policy in the 21st Century*, University of Michigan Press, 2008.

Bruce L. R. Smith, *American Science Policy Since World War II*, Brookings Institution, 1990.

J. Samuel Walker and Thomas R. Wellock, *A Short History of Nuclear Regulation, 1946-2009*, United States Nuclear Regulatory Commission, 2010.

序章関連

金子務「日本における「科学技術」概念の成立」、鈴木貞美・劉建輝編『東アジアにおける知的交流—キイ・コンセプトの再検討』、国際日本文化研究センター、2013年。

クラウス・シュワブ（世界経済フォーラム訳）『第四次産業革命—ダボス会議が予測する未来』、日本経済新聞出版社、2016年。

林幸秀編著、遠藤悟・冨田英美『米国国立科学財団 NSF—基礎研究を支える連邦政府独立機関』、丸善プラネット、2018年。

林幸秀編著、佐藤真輔他『米国の国立衛生研究所 NIH—世界最大の生命科学・医学研究所』、丸善プラネット、2016年。

U.S. Congress, Office of Technology Assessment, *Federally Funded Research: Decisions for a Decade*, U.S. Government Printing Office, 1991.

5-2 https://clintonwhitehouse3.archives.gov/WH/New/00Budget/photo01.html
5-3 U.S. Nuclear Regulatory Commission, *Severe Accident Risks: An Assessment for Five U.S. Nuclear Power Plants* (*NUREG-1150*), Office of Nuclear Regulatory Research, 1990.
5-5 Silvio O.Funtowicz and Jerome R.Ravetz, "Science for the Post-Normal Age," *Futures* 25:7 (1993), pp.739-755.
6-1 世界銀行 https://data.worldbank.org/indicator/NY.GDP.MKTP.CD
6-2 Council on Competitiveness, "Innovate America: Thriving in a world of challenge and change," 2004.
6-4 https://obamawhitehouse.archives.gov/blog/2012/03/21/president-obama-discusses-solar-power-nevada
6-5 NSF https://www.nsf.gov/about/performance/annual.jsp NIH https://report.nih.gov/success_rates/

主要図版出典一覧

0-1　White House Office of Management and Budget　https://www.whitehouse.gov/omb/budget/Historicals
0-3　White House Office of Management and Budget　https://www.whitehouse.gov/omb/budget/Historicals
0-4　White House Office of Management and Budget　https://www.whitehouse.gov/omb/budget/Historicals
1-1 https://www.osti.gov/opennet/manhattan-project-history/Resources/photo_gallery/berkeley_meeting.htm
1-2　山崎正勝・日野川静枝編著『増補 原爆はこうして開発された』（青木書店、1997年）68頁を基に筆者作成
1-6　ペンシルベニア歴史博物館委員会 http://www.phmc.state.pa.us/portal/communities/pa-heritage/atoms-for-peace-pennsylvania.html
2-1　リチャード・ニクソン財団 https://www.nixonfoundation.org/2013/05/cold-war-game-change/
2-2　M. キャンベル-ケリー、W. アスプレイ（山本菊男訳）『コンピューター200年史』（海文堂、1999年）
2-3　DARPA, ARPANET Completion Report（1978）
2-4　James Walker, Lewis Bernstein, and Sharon Lang, *Seize the High Ground: The U.S. Army in Space and Missile Defense*（U.S. Army Space and Missile Defense Command, 2003）
3-2　米国特許商標庁 https://www.uspto.gov/web/offices/ac/ido/oeip/taf/univ/univ_toc.htm
3-4　NSF https://www.nsf.gov/statistics/2018/nsb20181/report/sections/academic-research-and-development/expenditures-and-funding-for-academic-r-d
3-5　NSF https://www.nsf.gov/statistics/2015/nsf15326/
3-6　レーガン大統領図書館 https://www.reaganlibrary.gov/photo-galleries/head-of-state-and-world-leader-visits
4-2　IAEA https://inis.iaea.org/collection/NCLCollectionStore/_Public/48/047/48047388.pdf
4-4　世界銀行 http://databank.worldbank.org/data/reports.aspx?source=2&series=IT.NET.USER.ZS
4-5　資源エネルギー庁エネルギー情勢懇談会（第７回）（2018年２月27日）NuScale 社資料 http://www.enecho.meti.go.jp/committee/studygroup/ene_situation/007/pdf/007_005.pdf
4-6　ITER 機構 https://www.iter.org/album/Media/7%20-%20Technical
5-1 議会予算局 https://www.cbo.gov/publication/53651　世界銀行 http://data.worldbank.org/indicator/BN.CAB.XOKA.GD.ZS

	NuScale社が小型モジュラー炉の設計認証申請をNRCに提出
2017	米国がパリ協定から離脱
	IBMが汎用型の量子コンピュータの試作機IBM Qを公開
	米国のロムズバーグらが人工塩基を含むDNAを大腸菌に導入
2018	欧州司法裁判所がゲノム編集作物を規制の対象とする判断
	米国農務省がゲノム編集作物を規制の対象としない方針を決定
	特定の病気の診断を行う人工知能を食品医薬品局が初めて承認
	中国の賀建奎が世界初のゲノム編集ベビーの誕生を報告
	Google子会社Waymoが初めて自動運転タクシー営業を開始

	アメリカ同時多発テロ
	中国がWTO加盟
2003	米国がイラク侵攻
	ヒトゲノム計画完了
2004	全米競争力評議会がパルミサーノ・レポート公表
	Times Higher Education 誌が世界大学ランキング公表
	Facebook サービス開始
2005	全米アカデミーズがオーガスティン・レポート公表
	YouTube サービス開始
2006	ブッシュ大統領が米国競争力イニシアチブを発表
	京都大学山中伸弥がマウス iPS 細胞の作製に成功
	Twitter サービス開始
2007	イノベーション重視を明確に掲げる米国競争力法が成立
	IPCC がノーベル平和賞を受賞
	米アップル社が iPhone を発売
	「科学イノベーション政策の科学（SciSIP）」事業開始
2008	リーマン・ショック、世界金融危機
	G20サミット初開催
	クラウド・コンピューティングが急速に普及
2009	オバマ大統領が米国イノベーション戦略を発表
	クライメートゲート事件
	OECD が報告書「2030年へのバイオエコノミー」を公表
2010	中国のGDPが世界第2位に
	米国のクレイグ・ベンターらが人工ゲノムの細菌への導入に成功
2011	東日本大震災・東京電力福島第一原子力発電所事故
	国際宇宙ステーション（ISS）完成
	IBM のコンピュータ Watson がクイズ番組で勝利
2012	ゲノム編集技術 CRISPR-Cas9の登場
	米国で34年ぶりに原子力発電所の新規建設計画が認可
	ビッグデータ利用の本格化
	深層学習（ディープラーニング）が急速に普及
2014	中国が国民に信用度スコアを付する社会信用システムを構築開始
	ブロックチェーン技術によるビットコインが商取引で普及
2015	国連サミットで「持続可能な開発目標（SDGs）」合意
	気候変動に関するパリ協定採択
	中国で世界初のヒト受精卵へのゲノム編集の実験
2016	ダボス会議で「第4次産業革命」をめぐり議論
	DeepMind 社の囲碁ソフト AlphaGo が人間のトップ棋士に勝利
	深層学習の応用により翻訳ソフトウェアの精度が大きく向上
	欧州が個人情報保護のため一般データ保護規則（GDPR）を制定

科学技術の現代史 関連年表

	ベルリンの壁崩壊
1990	ヒトゲノム計画開始
	IPCC 第1次評価報告書公表
	米国で大統領科学技術顧問会議（PCAST）設置
1991	湾岸戦争勃発
	ソビエト連邦解体
	米ソ間で第1次戦略兵器削減条約（START）調印
	CERN のティム・バーナーズ・リーが WWW を考案
	NEC の飯島澄男がカーボンナノチューブを発見
1992	カナダのゴードン・ガイアットがエビデンスに基づく医療を提唱
	国連地球サミット開催、気候変動枠組条約採択
1993	欧州連合（EU）発足
	クリントン政権で国家情報基盤（NII）構想開始
	ロシアも参加する国際宇宙ステーション（ISS）計画開始
	GPS 運用開始
	超伝導超大型粒子加速器（SSC）計画の中止決定
	米国のマーク・アンドリーセンらがブラウザ Mosaic を公表
1994	世界初の遺伝子組み換え食品（トマト）が米国で販売
1995	世界貿易機関（WTO）設立、TRIPS 協定・TBT 協定発効
	国家安全保障科学技術戦略がデュアルユース推進の方針を提示
	原子力規制委員会が確率論的リスク評価の適用を正式に奨励
	マイクロソフト社 Windows95発売
	ヤフー創業
	アマゾンがインターネット販売事業を開始
1996	冷戦終結後の輸出管理のためのワッセナー・アレンジメント策定
	英国で BSE のヒトへの感染が社会問題化
	食品中の発がん性物質を禁ずるデラニー条項が緩和
	クローン羊ドリーの誕生
1997	IBM のコンピュータ Deep Blue がチェス世界王者に勝利
	京都議定書採択
1998	議会が科学技術政策に関する報告書「未来への扉を開く」公表
	グーグル創業
	米国のジェームズ・トムソンらがヒト ES 細胞樹立に成功
	セレラ・ジェノミクス社がヒトゲノム解読に参入
1999	世界科学会議でブダペスト宣言採択
2000	クリントン大統領が国家ナノテクノロジー構想（NNI）を発表
2001	米国が京都議定書から離脱
	がん分子標的薬イマチニブ承認
	Wikipedia サービス開始

1978	世界初の体外受精児誕生
	遺伝子組み換え技術の応用によるインシュリン生産に成功
1979	**第2次石油ショック**
	スリーマイル島原子力発電所事故
	カーター政権が産業イノベーション構想をとりまとめ
1980	**イラン・イラク戦争**
	スティーブンソン・ワイドラー技術革新法成立
	バイ・ドール法成立
	連邦最高裁判所が原油を分解する人工微生物に特許を承認
1981	スペースシャトル初号機打上げ
	日本が対米自動車自主輸出規制実施
1982	SBIR 開発法により NSF の SBIR 制度が他の政府機関に拡大
	知的財産に関する上級審を担う連邦巡回控訴裁判所が設置
	IBM 産業スパイ事件で日本企業社員らが逮捕
	初の遺伝子組み換え医薬品（インシュリン）が米国で承認
	走査型トンネル顕微鏡（STM）の発明
1983	レーガン大統領が戦略防衛構想（SDI）を発表
	インターネットのプロトコル TCP/IP が確立
1984	米欧日加の国際協力で宇宙ステーション計画を開始
	国家共同研究法の制定により反トラスト法が緩和
1985	**プラザ合意**
	産業競争力に関する大統領諮問委員会がヤング・レポート公表
	NSF が産学連携による工学研究センター（ERC）の支援を開始
	英国のハロルド・クロトーらがフラーレンを発見
1986	国立研究所と民間企業の連携を促進する連邦技術移転法が成立
	日米半導体協定締結
	スペースシャトル・チャレンジャー号事故
	チェルノブイリ原子力発電所事故
	ウルリッヒ・ベックが『リスク社会』を出版
1987	レーガン大統領、競争力イニシアチブを公表
	米国の半導体主要メーカーがコンソーシアム SEMATECH を設立
	超伝導超大型粒子加速器（SSC）建設開始
	オゾン層保護のためのモントリオール議定書採択
1988	気候変動に関する政府間パネル（IPCC）設立
	国際熱核融合実験炉 ITER 計画開始
	スーパー301条、スペシャル301条を含む包括通商競争力法が成立
1989	住友電気工業が光ファイバーの特許侵害でコーニング社に敗訴
	科学技術摩擦をめぐる交渉を経て日米科学技術協力協定改訂
	NASA の無人探査機ボイジャー2号が海王星を近傍通過

	ソ連のユリ・ガガーリンが世界初の有人宇宙飛行
	米国のアラン・シェパードが米国初の有人宇宙飛行
	ケネディ大統領がアポロ計画を発表
1962	**キューバ危機**
	レイチェル・カーソンが『沈黙の春』を出版
1964	IBM が画期的なコンピュータ製品のシリーズ System/360を発表
	東海道新幹線開通
1965	ゴードン・ムーアが「ムーアの法則」を提唱
	ハーバート・グロッシュが「グロッシュの法則」を提唱
1968	核不拡散条約（NPT）
	日本が世界第2位の経済大国に
	大学紛争、ベトナム反戦運動、科学技術への批判の高まり
1969	アポロ11号による世界初の有人月面着陸
	インターネットの原型である ARPANET 構築開始
	米ソ間で第1次戦略兵器制限交渉（SALT-I）開始（1972年合意）
1970	米国で国家環境政策法成立、環境保護庁が発足
1971	ブレトン・ウッズ体制終結
	世界初の商用マイクロプロセッサ4004が誕生
	ニクソン大統領が「がんとの戦争」を宣言
1972	アルビン・ワインバーグがトランス・サイエンス概念を提唱
	国連人間環境会議（ストックホルム会議）
	ローマクラブ「成長の限界」公表
	米国議会に技術評価局（OTA）設置（1995年廃止）
	米中接近（ニクソン訪中）
1973	**第1次石油ショック**
	米国のボイヤーとコーエンらが遺伝子組み換え技術を確立
	ニクソン、大統領科学顧問と大統領科学諮問委員会を廃止
1975	アシロマ会議が遺伝子組み換えのガイドラインを審議
	原子力委員会（AEC）廃止、原子力規制委員会（NRC）発足
1976	NIH が遺伝子組み換えのガイドラインを制定
	米国で化学物質を規制する有害物質規制法が成立
	英仏の共同開発による超音速旅客機コンコルドが就航
	NASA の無人探査機バイキング1号が火星軟着陸
	世界初のバイオベンチャー、ジェネンテック社設立
	大統領科学顧問のポジションが復活
1977	エネルギー省（DOE）発足
	アップル社が PC（Apple II）を発売
	英国のサンガーらが DNA シークエンシングの手法を開発
	NSF が SBIR 制度を創設

科学技術の現代史 関連年表

（太字体は一般的な歴史的事項）

年	出来事
1939	**第２次世界大戦開戦**
1940	軍事研究の推進を担う国防研究委員会（NDRC）設立
1941	NDRC を吸収する形で科学研究開発局（OSRD）設立
	ルーズベルト大統領、原爆開発の本格的開始を決定
1942	マンハッタン計画開始
1945	報告書「科学――果てしなきフロンティア」
	原子爆弾の完成・投下、**第２次世界大戦終結**
1946	世界初の汎用電子式コンピュータ ENIAC 完成
	米国原子力法成立、原子力委員会（AEC）設立
1948	米国のウィリアム・ショックレーらがトランジスタを発明
1949	**北大西洋条約機構（NATO）結成**
	ソ連、原子爆弾を完成
1950	国立科学財団（NSF）設立
	朝鮮戦争勃発
1951	米国 UNIVAC 社が世界初の商用コンピュータ UNIVAC-I を発表
	米国の実験炉 EBR-I が世界初の原子力発電に成功
1952	米国、水爆実験を実施
1953	ソ連、水爆実験を実施
	空軍、SAGE の開発開始（1963年完成）
	ワトソンとクリックが DNA の二重らせん構造を発見
	アイゼンハワー大統領が国連総会で「Atoms for Peace」演説
1954	マッカーシズムによりオッペンハイマーが事実上の公職追放
1956	英国で世界初の商用原子力発電所（コールダーホール）が完成
1957	原子力損害賠償制度を定めるプライス・アンダーソン法成立
	米国初の商用原子力発電所（シッピングポート）完成
	国際原子力機関（IAEA）創設
	ソ連が世界初の人工衛星スプートニク１号打上げ
	大統領科学顧問の任命、大統領科学諮問委員会（PSAC）設置
1958	米国初の人工衛星エクスプローラー１号打上げ
	高等研究計画局（ARPA）設立
	航空宇宙局（NASA）設立
	米国初の大陸間弾道ミサイル（ICBM）「アトラス」完成
	米国のジャック・キルビーらが集積回路（IC）を発明
1960	IBM、世界初の航空券予約システム SABRE を開発
1961	アイゼンハワー大統領が離任演説で軍産複合体について警告

佐藤 靖（さとう・やすし）

1972（昭和47）年新潟県生まれ．94年東京大学工学部航空宇宙工学科卒業．同年科学技術庁入庁．99年ペンシルベニア大学大学院修士課程修了（科学史・科学社会学）．2000年科学技術庁退職．05年ペンシルベニア大学大学院博士課程修了（科学史・科学社会学）．同年日本学術振興会特別研究員（PD，東京大学）．08年政策研究大学院大学助教授などを経て，17年4月より新潟大学人文社会科学系教授．専攻，科学技術史・科学技術政策．
著書『NASAを築いた人と技術』（東京大学出版会，2007年）
『NASA――宇宙開発の60年』（中公新書，2014年）
ほか

科学《かがく》技術《ぎじゅつ》の現代史《げんだいし》
中公新書 *2547*

2019年6月25日発行

著 者 佐藤 靖
発行者 松田陽三

本文印刷 三晃印刷
カバー印刷 大熊整美堂
製 本 小泉製本

発行所 中央公論新社
〒100-8152
東京都千代田区大手町 1-7-1
電話 販売 03-5299-1730
編集 03-5299-1830
URL http://www.chuko.co.jp/

Published by CHUOKORON-SHINSHA, INC.
Printed in Japan ISBN978-4-12-102547-0 C1240

中公新書刊行のことば

一九六二年一一月

　いまからちょうど五世紀まえ、グーテンベルクが近代印刷術を発明したとき、書物の大量生産は潜在的可能性を獲得し、いまからちょうど一世紀まえ、世界のおもな文明国で義務教育制度が採用されたとき、書物の大量需要の潜在性が形成された。この二つの潜在性がはげしく現実化したのが現代である。

　いまや、書物によって視野を拡大し、変りゆく世界に豊かに対応しようとする強い要求を私たちは抑えることができない。この要求にこたえる義務を、今日の書物は背負っている。だが、その義務は、たんに専門的知識の通俗化をはかることによって果たされるものでもなく、通俗的好奇心にうったえて、いたずらに発行部数の巨大さを誇ることによって果たされるものでもない。現代を真摯に生きようとする読者に、真に知るに価いする知識だけを選びだして提供すること、これが中公新書の最大の目標である。

　私たちは、知識として錯覚しているものによってしばしば動かされ、裏切られる。私たちは、作為によってあたえられた知識のうえに生きることがあまりに多く、ゆるぎない事実を通して思索することがあまりにすくない。中公新書が、その一貫した特色として自らに課すものは、この事実のみの持つ無条件の説得力を発揮させることである。現代にあらたな意味を投げかけるべく待機している過去の歴史的事実もまた、中公新書によって数多く発掘されるであろう。

　中公新書は、現代を自らの眼で見つめようとする、逞しい知的な読者の活力となることを欲している。

中公新書

現代史

f3

科学・技術

1843	科学者という仕事	酒井邦嘉
2375	科学という考え方	酒井邦嘉
2373	研究不正	黒木登志夫
1912	数学する精神	加藤文元
2007	物語 数学の歴史	加藤文元
2085	ガロア	加藤文元
1690	科学史年表(増補版)	小山慶太
2476	〈どんでん返し〉の科学史	小山慶太
2354	力学入門	長谷川律雄
2507	宇宙はどこまで行けるか	小泉宏之
2271	NASA—宇宙開発の60年	佐藤靖
2352	宇宙飛行士という仕事	柳川孝二
2089	カラー版 小惑星探査機はやぶさ	川口淳一郎
1566	月をめざした二人の科学者	的川泰宣
2398 2399 2400	地球の歴史(上中下)	鎌田浩毅
2520	気象予報と防災—予報官の道	永澤義嗣
1948	電車の運転	宇田賢吉
2384	ビッグデータと人工知能	西垣通
2547	科学技術の現代史	佐藤靖